# 二手房装修改造常犯的110个错误

刘二子　代　宁　主编

机械工业出版社

每个做过二手房装修改造的人都有这样的经历，完成装修后，发现由于当初不了解关于装修改造的一些常识或者由于设计上一个小失误，导致后来出现许多大小不一的问题。这些问题有的会危及生命，有的则会让人生病。有些虽然没有这么严重，但是如果弥补的话要花费很多的时间，承担很大的经济代价，如果不弥补那你就不得不几十年来忍受这个失误带来的后果。这些问题让人心里不畅！

本书是一本面向广大二手房装修的业主的实用手册。书中详尽地介绍了二手房装修改造的各个环节容易犯的错误。熟悉了这些错误，读者也就熟悉了装修需要知道的基础知识和操作流程，例如，如何挑选材料、如何检验施工工艺以及相应的正确做法。本书让您明明白白做家装，清清楚楚搞监理，真正做到装修不上当！

**图书在版编目（CIP）数据**

二手房装修改造常犯的110个错误/刘二子，代宁主编. —北京：机械工业出版社，2016.6
ISBN 978-7-111-54413-5

Ⅰ.①二…　Ⅱ.①刘…②代…　Ⅲ.①住宅—室内装修—基本知识
Ⅳ.①TU767

中国版本图书馆CIP数据核字（2016）第174576号

机械工业出版社（北京市百万庄大街22号　邮政编码100037）
策划编辑：宋晓磊　责任编辑：宋晓磊
责任校对：黄兴伟　封面设计：鞠　杨
责任印制：李　洋
三河市国英印务有限公司印刷
2016年9月第1版第1次印刷
169mm×239mm · 14.75印张 · 235千字
标准书号：ISBN 978-7-111-54413-5
定价：49.00元

凡购本书，如有缺页、倒页、脱页，由本社发行部调换

| 电话服务 | 网络服务 |
| --- | --- |
| 服务咨询热线：010-88361066 | 机工官网：www.cmpbook.com |
| 读者购书热线：010-68326294 | 机工官博：weibo.com/cmp1952 |
| 010-88379203 | 金书网：www.golden-book.com |
| **封面无防伪标均为盗版** | 教育服务网：www.cmpedu.com |

# 前言

二手房装修与改造，耗时耗力，几乎每个经历过的人，都会有这样的经历，当您完成装修和改造后，发现由于当初不了解关于装修的一些常识或者由于设计上一个小失误，导致后来出现许多大小不一的问题，例如：

1.没有把原房主用的廉价地漏换成一个中档地漏（不足50元），不得不一直忍受下水道里发出的恶臭。

2.改电时没有监督装饰装修公司用管道走线，而让不负责的装饰装修公司直接把电线埋到的墙里。这样用不了几年，就会出现短路甚至漏电事故。轻则需要刨墙重做，重则发生人身安全事故。

本书把这些问题集合在一起，分章为读者详细分析二手房装修过程中可能会犯下的各种常见失误。

全书分为两个部分：

第一部分是关于装修流程的简单介绍。第一章简单介绍装修总流程。第二章分别介绍装修的各个环节的详细流程。分别是：改水流程及其注意事项；改电流程及其注意事项；泥工流程及其注意事项；木工流程及其注意事项；油漆工流程及其注意事项。

第二部分是本书的重点，共分七章分类介绍装修过程中常犯的各种错误。第三章、第四章介绍可让人丧命的失误或者受到人身伤害的失误，例如客厅玻璃窗护栏高度不够导致孩子坠楼的事故等。第五章介绍让人生病的装修失误，例如儿童房过度装修导致孩子患白血病等。第六章介绍让业主蒙受较大损失的装修失误，例如瓷砖分次购买出现色差导致返工等。第七章介绍给业主生活带来很大不便的失误，例如，需要安双控开关的地方安了单控开关，导致关灯不便等。第八章介绍影响美观的装修失误，例如卫生间的门套未做防水，导致门套腐烂等。第九章介绍因顺序颠倒而导致的失误，例如买坐便器前没量孔距导致退货等。

熟悉了这些错误，读者也就熟悉了装修需要知道的基础知识和操作流程。本书以简洁明了的风格，尽述家庭装修的种种玄机秘诀。

阅读方法：

第二部分的每个失误中由4～5个板块组成，分别是“错误档案”“典型案例”“错误分析”“预防措施”和“原设施是否继续使用的判断标准”。需要说明的是，在“错误档案”中，有一个“是否必须重新装修”，这里指的是新业主是否可以使用旧房中的该设备设施，如果不能使用，则必须重新装修，该节就没有了最后一个板块“原设施是否继续使用的判断标准”。如果介于可用和不可用之间，则该节有最后一个板块“原设施是否继续使用的判断标准”。业主可以根据最后一个板块来判断和选择是否继续使用旧的设备设施。

在本书的编写过程中，以下各位老师协助了本书的编写工作，他们是：许芳、张娜、杨绍华、李勇、任颖、武小青、赵新龙、陈志杰、任仲奇、刘博、李岩、杨爱霞、任志杰、蔡伶、段慧真、邓湘金、周大勇等。不能在封面上为其一一署名，只能在此表示感谢，祝福他们工作顺利、身体健康。

编者

# 目录

前言



装修是一件让人头疼的大事，其烦琐复杂的流程常常让业主无从下手。但是装修又是每个人都要经历的事情，既然躲不过去，不如提前做好准备，以备不时之需。本章将为您全面介绍装修的基本流程和操作步骤，让您一目了然，让装修变得轻松起来。



本章进入深入分析阶段，对装修的各个环节逐一进行介绍，并重点指出常犯错误以及预防措施。在第一章掌握装修的整体框架后，本章将帮您摸清装修的每一条脉络，对每一部分进行具体的操作和监控，尤其针对二手房的特别情况，做到有的放矢，使装修不再因为盲目而漏洞百出。

本章主要为大家介绍一些会引起生命危险的装修失误。包括私自改电、私改煤气管道、私拆承重墙等危险行为。因为缺乏安全意识和装修常识，您在装修中会留下许多安全隐患，而这些隐患将严重威胁您及家人的安全。所以本章将帮您把这些问题一网打尽，避免装修给您带来严重的人身伤害。



装修中很多小小的疏忽最后可能给人带来超出想象的伤害，为了我们生活的安全舒适，装修细节一定不可忽视。本章主要为大家介绍一些会让人受伤的装修失误。如热水器、吊灯等安装不到位掉落伤人，这些都是可以提前解决的安全问题。

装修污染不可避免、无处不在，本章就主要分析装修中的污染问题以及对人身体健康的影响。装修中有哪些材料需要高度重视、哪些材料一直被人忽视，本章就将为您揭晓答案，并提供有效的防范措施，帮您有效避开装修中的污染源。

装修是一项费时、费力、费钱的大工程，对比各种装修省钱方案辈出，然而再精打细算的装修，最后总是超出预算，让人很是头疼。怎么才能在保质保量的基础上开源节流呢？本章将为大家介绍一些容易引起浪费的工程，可能稍不留神的一个小错，就让您又多花几千甚至上万元。仔细看清这些误区，牢牢记在心里，装修不做冤大头！

## 第七章　哪些失误带来极大不便 ………………………………………… 123

很多业主因为装修常识不足，装修时很多方面不懂，致使住进去后才发现诸多不方便。本章将介绍这些会给生活带来不便的问题，让您避免这些失误，以免影响日后的生活质量。

本章列举了一些会影响美观的装修失误。装修时的一些不合理现象、不规范操作，会严重影响装修后的整体美观，给人带来郁闷情绪。读完本章，您一定会收获颇丰，在以后的装修中避免此类问题，收到更好的装修效果。

在装修中，很多业主因为装修知识不足，致使很多装修顺序颠倒，不仅做了无用功，更是花了不少冤枉钱。本章将介绍一些绝对不能颠倒顺序的装修步骤。“工欲善其事，必先利其器”，提前掌握必备的知识，做到未雨绸缪，那些装修中拆了重装、手忙脚乱的现象将统统扫清。

# 第一部分　二手房装修改造前的准备工作

## 第一章　二手房装修改造总流程介绍

装修是一件让人头疼的大事，其烦琐复杂的流程常常让业主无从下手。但是装修又是每个人都要经历的事情，既然躲不过去，不如提前做好准备，以备不时之需。本章将为您全面介绍装修的基本流程和操作步骤，让您一目了然，让装修变得轻松起来。

### 第一节　装修流程图

也许从签订购房合同开始，您就已经开始构建新家的蓝图了。这里想提醒各位业主朋友们，装修不能凭空想象，一定要有切实可行的方案。您可以先不选装饰装修公司、不定产品，但是一定要掌握一张装修流程图。一个好的计划可以让您事半功倍，否则盲目的结果就是事倍功半。家庭装修就像是每一个业主的作品，为了使这件作品尽善尽美，就要先了解作品的制作过程和注意事项，才能更好地去完成它。下图便是装修的基本流程图。

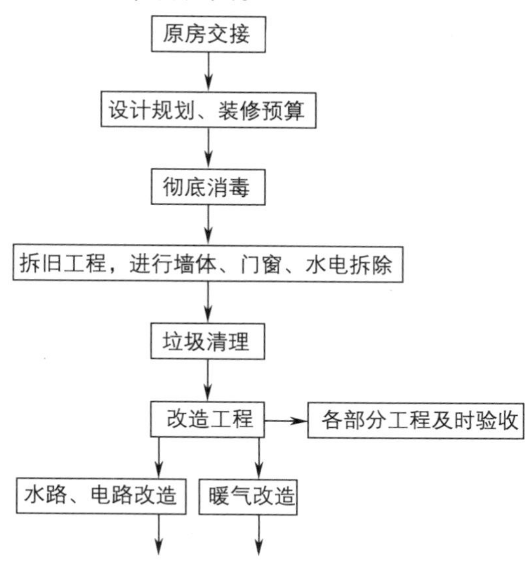

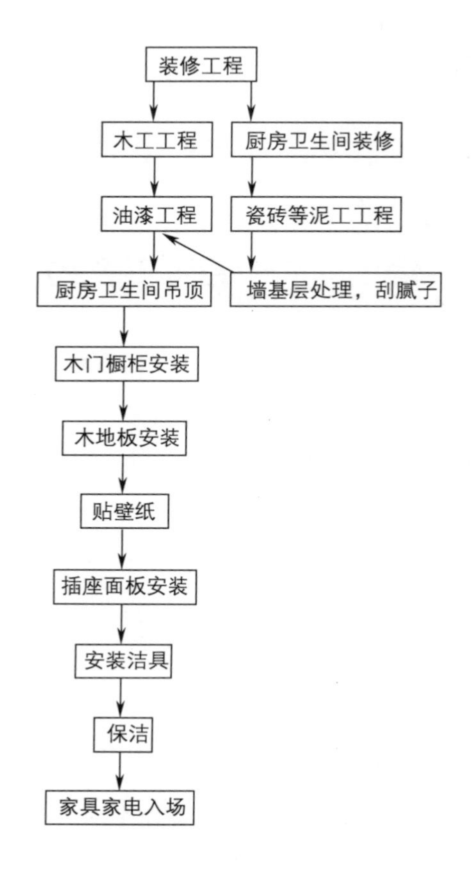


## 第二节　装修步骤

在第一节对装修流程有了大致了解的基础上，本节详细讲述每个步骤的具体问题，做到让读者节省装修成本，避免返工、失误造成资源浪费。

### 第一步：了解装修市场

了解装修市场现况，包括了解装修材料和装饰装修公司的情况。对装修市场有大致了解可以避免在装修的时候盲目选择，以便精确地挑选出适合自己的装饰装修公司和装修方式，同时在购买材料时也不会任人宰割。

第一，了解三种装修方式

1. 全包——是指装修中一切的工作全部交给装饰装修公司，包括购买建材、五金、油漆等装饰用料以及安排装修中各个流程的施工人员，业主只需要付款以及对工程进行验收即可。如果选择了正规的装饰装修公司，这种方式是业主最省事也最放心的，反之，就成为业主最闹心的装修，装修整个流程都会被对方做手脚，业主掏空了腰包却装修成一团糟。

2. 清包——由业主自行采购全部材料，装饰装修公司只负责派出工人进行现场施工以及负责工地的管理。这一种方式业主最放心，避免了装饰装修公司在材料上投机取巧以次充好，但也是最累的，因为所有在装修中用到的材料，都要业主亲自购买，包括装修中因损耗出现的缺货或临时要用的，即使是一颗钉子也需要业主购买，否则就可能延误进度。

3. 半包——由业主负责采购主要材料如墙地砖、地板、卫生洁具、灯具等等，装饰装修公司负责施工以及装修中辅助材料的采购，这些材料包括水泥、沙子、胶、小五金、木材以及制品等。这种方式是目前家装中使用率最多的一种合作办法，业主既不用担心装饰装修公司在辅料上以次充好，也不至于采购主料时太累。

第二，了解装饰装修公司和装修材料

货比三家再开工，这是忠告。因为在拿到钥匙后，很多业主会一时冲动随便敲开一家装饰装修公司签订装修合同。接下来，在装修的过程中，因急于早日搬进新家，许多业主也会不管三七二十一地买回建材进行装修。这样做造成的后果就是装修费用居高不下，装修质量却大打折扣，装修好的家完全不是自己想要的。因此，在装修前一定要对装修有一个基本了解，多跑几家装饰装修公司，看一看现在的装修行情，去建材市场了解一下装修要用的基本材料，包括产品的种类、质量、品牌、价格等。总之，前期做的准备工作越充分，掌握的信息越多，装修的时候就越省力。

第三，装修知识的储备

储备一定量的装修专业知识，可以帮助您装修过程更加顺利。没有人会比自己对自己的房子上心，所以掌握一定的装修知识可以在监工和验收时帮助您避免失误。业主可以多看一些有关装修方面的书，从中积蓄一定的专业知识，了解一些基本的装修术语，包括主材、辅材、包工包料、包清工、隐蔽工程等，有利于在装修时处于主动地位，不管是与装饰装修公司合作还是与建材商、施工队打交道，都能防止对方趁机偷梁换柱打模糊仗，避免上当受骗，保证装修顺利进行。

## 第二步：确定设计方案

1. 选择装饰装修公司，制定装修方案

经过上一步对装饰装修公司的了解，挑选几家比较满意的装饰装修公司，预约进行现场测量，并跟设计师表达出自己的需求，请装饰装修公司给出初步的设计方案。经过比较择其优者从中选出一家更符合自己要求的装饰装修公司。

2. 进行装修预算

装修前一定要做好装修预算，做得越仔细对自己越有好处，可以避免在挑选材料的时候盲目冲动的消费，导致装修资金远远超支。但是预算也不能紧打紧算，要稍稍做出点富余，以备不时之需。所以，最好的做法是：首先，将装修费用单独存在一个存折（银行卡）上，每进一笔建材，即使小到一颗水泥钉，也要记在装修账本上。其次，给您的预算分类，不用太详细，比如装修木材占多少，木工手工费占多少，大的家用电器占多少等，这样控制得会比较严。第三，结合自身的情况算出允许超出的比率，最好是在20%之内，在装修过程中一旦有超过此比率的打算，一定要权衡利弊，仔细考虑后再做决定，否则预算就会严重超标。

3. 签订合同

装修一定要签订合同，这是在装修过程中辨别职责处理是非的凭证，也是维护业主权益的最好方法。装修合同是由国家有关部门统一规范的，业主在拿到合同后要仔细阅读合同，对责权不清的条文要立即让对方做出解释或者签订补充协议，合同的内容越完备越好，包括装修的房间、选材、式样、施工工艺、装修时间、费用、支付方式以及违约责任的处理等。合同签订后应由所在市场鉴定或盖章确定合法有效。

除此之外，业主还要与物业公司签订一份装修保证合同，内容主要是要求业主装修的时候承诺不破坏房屋的安全，不拆改公用设施以及装修不得扰民等，合同中还须说明垃圾指定地、装修时间、装修人员出入小区的管理、装修是否需要动用电梯、装修押金数额以及违约责任的处理等问题。

## 第三步：装修施工

业主可以请人或亲自监工。装修过程中，业主一定要抽时间多到现场查看，即使工作很忙，也要记得每天和装修负责人通电话，了解装修进度，防止装饰装修公司或装修队偷工减料、延缓施工或者不严格按照标准的施工工艺要求施工等。

在装修合同签订后，装修队就要进场施工了。这是整个装修过程中的重点。因此，了解施工步骤就成为重中之重。装修施工步骤具体如下：

## 一、进场准备

1. 施工人员进场后，一要对房间内的成品做好保护；二要检测墙、地面、屋顶的情况和给水排水管道的布局。

2. 检测水、电、煤气的畅通情况；对厨房和卫生间做24小时闭水试验。

3. 验收已有的装修材料，一一做好登记，并做相关的保护工作。

## 二、装修施工流程

1. 拆除工程。主要存在于二手房装修中，包括需要拆除已有的墙、门窗、地面等，拆下来的垃圾由施工人员清运出场，并清理干净现场。

2. 水电煤工程

（1）封埋管线槽，做防水工程，墙体两遍，地面三遍。

（2）冷热水管的摆放及供水设备的安装。

（3）智能布线，线路、插座定位安装。

（4）煤气管道和煤气器具的摆放安装。

3. 泥工工程

（1）砌墙，做隔断门窗，厨房镶贴墙砖。

（2）墙面找平、粉刷。

4. 金属工工程

（1）安装铝合金门窗、塑钢门窗、防盗门窗。

（2）安装晒衣架。

5. 木工工程

（1）木工进场，吊顶、石膏角线，打制木家具：木门、门窗套、橱柜、衣橱、书架橱、电视柜、鞋柜、玄关等。

（2）铺设地板、踢脚板、过门石。

（3）玻璃制品的镶嵌配装。

（4）木制面板刷防尘漆（清油）。

6. 饰面工程

（1）裱糊贴墙、顶纸（布），软装饰制作。

（2）木饰面板粘贴，线条制作并精细安装。

7. 油漆工程

（1）墙顶面批嵌腻子，喷涂墙漆，一底两面，最少三遍。

（2）木质制品批嵌腻子、油漆。

（3）地板、踢脚板油漆。

（4）墙顶面刷乳胶漆。

8. 安装工程

（1）安装灯具、卫生洁具、喷头、拉手，门锁安装调试。

（2）安装油烟机、热水器、排气扇。

由于二手房的特殊性，业主对原有装修中可用设施决定继续使用的，进行保护并修补就可以了。

## 三、竣工总验收

这一阶段，业主可以亲自验收，也可以请专门的房屋验收公司。验收重点是检查装修质量是否达到设计要求，有没有不符合要求的部分。主要有以下几点注意事项：

1. 施工方清理场地，并进行收尾工作。施工人员初步检查工作完善程度。如有遗漏，要及时补上，如地砖留有缝隙，就要做补缝处理。

2. 由施工人员领队验收。验收通过后，开始做撤场工作，一切的施工工具要及时撤离场地。

3. 三方预约时间正式验收。由施工队通知业主、物业公司约好时间正式验收，双方都通过后，装修工程正式交付业主。

4. 总结算，业主付清装饰装修公司或者施工队所有的费用。对方开具发票给业主。同时，物业公司要退还押金给业主。

5. 装饰装修公司或施工队给业主发装潢工程信誉工程保修卡，业主要妥善保存好，日后在房屋居住过程中，如果有问题可以及时联系维修。

## 四、费用结算

验收通过后，业主就要和装饰装修公司结算装修费用了。仔细审核各种按实际测量计算的费用，按预算表重审全部费用，避免重复计算。一切都计算好后，业主就必须按合同支付给装饰装修公司费用。

需要提醒业主的是，如果装饰装修公司承诺了售后服务，那么最好在保修期过后再和装饰装修公司结清剩余费用。

### 五、收尾

此时整个安装工程都已经完成，可以进行室内保洁。接着家具进场，安置家具。最后要有很长时间的通风散味阶段，待室内甲醛去除后再入住。

## 第三节　装修准备

装修是一项大的工程，是业主入住新房打的第一场硬仗。要想做好装修就先排除潜在的风险，处理好可能存在的问题，提前做好准备工作。记得网上有个段子说如果想要养宠物，首先要满足三个条件：有钱，有闲，有爱心。其实装修也差不多，像您养的宠物一样，花费的心血越多结果往往更让人满意。对于装修，也有三个必备条件需要大家准备好：

第一，有钱，装修就一定要花钱，所以做好预算，准备好充足的money是装修进行的前提条件。如果想省钱，就提前精打细算，把预算做得认真仔细一点，避免一些头脑一热的冲动消费，可以帮助业主节省一笔“巨款”。

第二，有闲。如果您不是装饰装修公司，一生装修的次数毕竟有限，而且一个好的装修给生活带来的舒适度将是一个长久收益。所以装修一次，一定要多腾出一些时间对待，最好选择自己时间宽裕或者年假的时候进行，前期认真选材料，后期严格监工。如果您想做甩手掌柜，就不要后期叫苦不迭。装修就像我们的身体，您怎么对它它也会怎么对您的。

第三，有耐心。这个主要体现在家人之间的沟通，装修是家庭大事，每个家庭成员想法不同，很容易引起大大小小的纷争。不少家庭因为装修最后走向分裂。装修原本是一件高兴的事，却因为一些细节的争论演变成一场家庭矛盾甚至升级为“家庭战役”，最后伤了家里和气。夫妻家人之间最好在装修前就对装修的所有部分做一个统一决定，包括装修风格、所使用的产品品牌等，以免又急又累，心情烦躁，更容易激化矛盾。如果真的意见不合，也要提醒三分钟，然后再去讨论。

# 第四节　二手房特有的拆除项目

二手房不同于新房的一个重点就是对原房间装修的改造和拆除工程。开始二手房装修的第一步就是拆除，在对原房间检查的基础上决定哪些要拆除，哪些可以继续利用。拆除在安装工程中分为保护性拆除和破坏性拆除。保护性拆除主要是指拆除后的材料或设备要进行重复使用的拆除工程；破坏性拆除是指拆除后的材料或设备不进行重复使用作为废品处理的拆除工程。如果业主有想要继续使用的材料，拆除中就要小心对这些部分进行保护。破坏性拆除相对注意的比较少，拆除也比较任性。拆除工程看起来是一个简单的步骤，没有什么技术要求，顶多是体力活，但是在拆除上有着许多的注意事项。本节将介绍拆除的具体步骤和注意事项，给刚拿到二手房、不知从何下手的业主一个参考，让装修一目了然。

## 一、一定不可以拆除的部分

第一，承重墙不能拆。

承重墙，顾名思义，就是在建筑中支撑上部楼层重量的墙体，一旦受到破坏，将损坏建筑物的受力结构，严重影响建筑的安全性，可能造成建筑物的坍塌，所以承重墙是一定不能动的。二手房主如果对房间原有结构不满意，想要重新改造，一定要先了解房间的受力分布，标出承重墙，改造时注意不要拆错。承重墙上也不宜随便开槽钻洞，以免影响墙体的稳固性，更不可以开门或者开窗，这些都会影响墙体的承重。

承重墙的辨别方法：

1. 最理想的方法就是拿到楼房的设计图纸，上面会有明确的标注。对于那些老旧的二手房，可能无法找到图纸了。这种情况可以跟原房主和管理人员了解情况，或者请专业人士帮助检查判断。

2. 根据厚度来进行判断，一般厚度超过24cm的墙体就不要改动，它们基本上都是承重墙或者配重墙。

3. 根据墙体质量进行判别，承重墙都比较厚、比较紧实，敲打起来给人闷实感，不像一些结构墙，使用的是一些轻体、简易的材料，敲打起来会有“空声”。一般砖混结构房屋中的预制板墙都是承重墙。

业主可以综合以上几点进行判别，切记承重墙是一个房子的支柱，拆除时一定遵循“宁可不拆，也绝不能错拆”的原则。墙体拆除一定要慎重再慎重。

第二，阳台墙不能拆。

为了让业主更重视这一点，特地单列出来进行提醒。一般窗户下面的半墙都属于配重墙。阳台和房间之间的窗户下面的半墙就是配重墙，负责支撑起阳台的重量，很多业主为了追求光线，会拆掉这部分，换成落地的玻璃窗或者玻璃门。这样做会降低阳台的承重，产生一定的安全隐患。

第三，承重梁、门头梁不能拆。

房顶上的承重梁和门上方的门头梁都不可以拆除，它们是用来撑起上层楼板的，如果拆除会造成楼板坍塌等事故。

第四，不要破坏墙体钢筋。

当在墙上挖槽钻洞的时候，难免会碰到墙里的钢筋，这个时候业主要叮嘱好工人，碰到钢筋一定要避开，或者开深一些空出钢筋，尽量不要破坏钢筋。如果业主不加以理会，工人为了省事往往直接将钢筋锯断。钢筋是墙体的骨架，一旦被破坏会影响整个墙体的承受力和对楼板的支撑力，整个楼层的抗震能力也会下降。装修时一定要注意此点，不要破坏墙体钢筋。

第五，防水层和通风系统要做好。

防水系统是家庭生活的重要部分，关系到房子是否渗水，决定了入住后的生活质量，所以房子的防水系统一定要做好。二手房的防水系统要根据实际情况区别对待，开工前先做闭水试验，看一下房子原本的防水系统如何，如果房子防水系统没有问题，在装修时便可以省去重做防水这一道工序，但是在厨房和厕所的水路、地面改造过程中，要小心不要破坏原有防水层。如果闭水试验不合格或者装修中破坏了防水层，要重修防水层，并进行严格的闭水试验。

通风系统是室内空气流通的主要场所，对二手房进行装修时，注意不要堵死原来的通风系统，否则会影响厨房的油烟、厕所的异味、厨房和浴室的蒸汽和室内的污染气体有效排出，不能进行良好的空气流通和室内空气的更换。

## 二、可以拆除的部分

这一部分可以根据自己的装修规划和开支预算来布置，对于年头短
较好的部分可以继续使用，在拆除中要采取保护性措施。对于一定要
可以按照步骤和注意事项进行拆改。

第一，非承重墙体。

二手房一般不建议拆除原有墙体，如果原有格局确实不太方便，原有墙体一定要拆除，则要确定其是非承重墙才可拆除。在墙体的拆除过程中，切记要切断电源，并尽量不破坏墙内的线路。如果需要切断电源线或者信号线，要留出足够长的接头。

第二，门窗的拆除。

门窗的拆除要根据使用年限来区别，如果门窗使用年限已经比较长，门窗已经老化影响使用，可以拆除；如果是比较新的二手房，门窗完好，业主不妨保留不动，也可以节省一笔开支。

第三，“三面”的拆除。

墙面和顶面的表面铲除要先做检查，如果有裂痕、鼓包、起皮等情况可以铲除，年头比较久的墙体表面水泥已经变酥，还有一些房子的墙面是沙灰墙，都要进行铲除。如果墙体结构稳定，没有大的问题，比较紧实，可以不用铲除，进行修补后继续使用。地面通常分为地砖和地板两种情况，可以根据使用的时间、磨损的情况决定继续使用还是拆除。

第四，厨房、浴室地面和瓷砖的拆除。

厨房和浴室一般都要重新装修，这也是决定生活质量的两个家装重点，在进行拆除时，要先把燃气、水管、通风口等保护好，避免在砸墙的时候造成损坏。拆除时要先拆除墙砖再拆除地砖。厕所的瓷砖拆除时要从下向上拆起，方便后面的施工，因为如果先拆上面，拆下来的瓷砖放在地上容易挡住下部的瓷砖。

第五，电路水路和暖气的拆除。

二手房的电路和水路的改造是二手房装修的大工程之一，装修前要对水路和电路的情况进行仔细的检查。不合理的电路设计可以重新设计改造，对于一些老房，使用的电线还是铝线，一定要更换成带有中国电工产品认证委员会认证的“CCC”认证标志的铜线（在合格证或产品上有“CCC”认证标志），并进行套管埋墙设置。为了满足家用电器的增多和使用，可以增加电路回路，增设厨房插座。老房的水管都是镀锌管，都要统一换成PP-R水管。二手房的暖气最好不要改动，暖气的设置都是根据整栋建筑的结构统一配置的，切不可私自改动，如一定要改动，要请专业的设备安装人员进行施工。

# 第二章　二手房装修改造中各个环节的处理流程及注意事项

本章进入深入分析阶段，对装修的各个环节逐一进行介绍，并重点指出常犯错误以及预防措施。在第一章掌握装修的整体框架后，本章将帮您摸清装修的每一条脉络，对每一部分进行具体的操作和监控，尤其针对二手房的特别情况，做到有的放矢，使装修不再因为盲目而漏洞百出。

## 第一节　改水流程及其注意事项

二手房的改水工程要考虑原房内的水路情况，如果是近三五年的房源，水路设置基本与新房相同，业主通过检查如果没有问题可以继续使用。对于年头较久的二手房，检查水管是否锈蚀、老化，以前的镀锌铁管最好更换成现在的PP-R管，通过对水路检查决定是否拆除重做。

如果不需拆除原管道，可以直接进行装修；如果需要拆除要注意水路拆除的注意事项：

1. 最好请专业的水管安装公司进行，拆除前先找到水管总开关，如果需要小区停水，要找相关部门进行停水调节。

2. 镀锌管更换为PP-R管。

3. 水表安在室内的水管不能拆除。

### 一、改水工程流程图

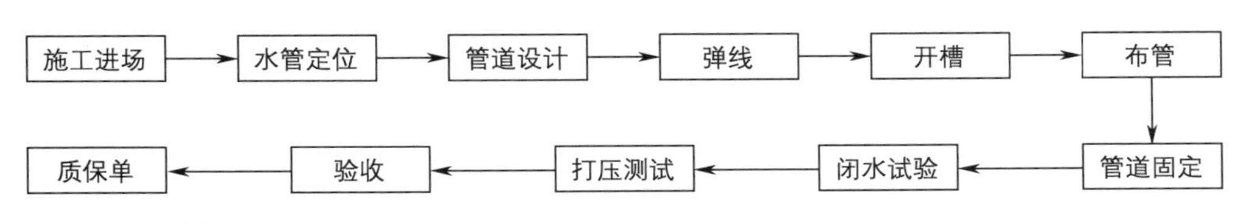


详细讲解：

1. 施工人员进场，与业主、设计师交流，确定每个出水口的位置及水管的走向。

2. 拆除原来的旧管道。

3. 根据橱柜设计进行水龙头的定点定位，并设计出水管走向。

4. 弹线。根据用水设备的具体位置和水路的走向弹线，所弹线必须横平竖直且清晰，以备日后安装其他设备在墙体打眼固定时能准确地判断出水管的位置，防止打到水管上。

5. 开槽。开槽之前，要封闭各个排水口。在轻质墙或空心混凝土上开槽时，必须用切割机或开槽机开槽，不得用锤子直接锤打。开槽的深度为：冷水水槽≥（管径＋10mm）；热水水槽≥（管径＋15mm），混凝土上根据实际开槽。开槽完毕后，及时清理，清理时应洒水防尘。

6. 布管。施工人员要先测量好水管长度，并裁切好用各种接头配件连接。按照“顶—墙面—接出水”从上到下进行。

管材与管件连接均采用热熔连接方式，禁止在管材或管件上直接套螺纹，与金属管道以及用水器具连接必须使用带金属嵌件的管件。

7. 固定水管。用支架和扣件固定水管，在每一个内螺纹弯头管件处可以用快干粉更好地固定。

8. 清理施工现场，把打下来的水泥等杂质清扫干净。

9. 做打压测试，业主验收完毕。

10. 索要水路施工图纸，便于日后安装其他设备时使用，以防在墙上钉钉时误打到水管。

## 二、改水施工中的注意事项

1. 等水电改造完成后木工方可进场，避免施工战线拉宽，业主监督难度加大。这是因为水电改造是装修中一项很重要的支出，且隐蔽性很大，一旦木工同时进场施工，业主的注意力就会被分散开来，施工人员容易偷工减料。

2. 选择专业的改水公司，改水时，只可改动主管道以后的水管，禁止改动主水管道。

3. 水路改造时，如果二手房的原水管还是镀锌铁管，要统一更换为PP－R管。 PP－R管材进场时，应严格检查材料的规格，冷热水管的标号，不得冷热水管配件混用。在安装PP－R管时，热熔接头的温度须达到250~400℃。同时，将管材两端去掉40~50mm，防止因搬运不当而出现细小裂纹。

4. 开槽的深度要适中，以水管恰好埋进墙面刷漆后不外露为准，避免太深破坏结构层。给水系统布局走向要合理，严禁交叉斜走，严禁破坏防水层，在高于地面300mm以上处开槽布管。

5.现在的水路改造都是走顶不走地，一些年头比较久的二手房的水路是走地的，改造的时候要特别注意。给水、排水系统安排布置合理，避免交叉，要横平竖直。水路与电路的距离要保持50cm以上。

6. 改造时，要分清冷热水管出口。一般为左热右冷，二者间距一般不小于20cm。冷热水出口必须平行。给水管出水口位置不能破坏墙面砖的腰线花砖以及墙砖的边角。

7. 水路改造前后都要做打压试验，检查各个接口处是否有渗水漏水的情况。

8. 水表要安装正确。水表入墙安装后，应便于读数和维修。水表两端有螺母，安水表时应考虑拧动空间。远程抄表的底盒控制线均不能私自移动。

## 三、装修中需要改水的部分项目

1. 厨房

（1）洗菜斗的位置。

（2）水管的高低。

（3）小厨宝。

（4）净水机。

2. 卫生间

（1）热水器。

（2）浴缸。

（3）面盆。

（4）坐便器。

（5）墩布池。

（6）多预留几个出水口，方便日后增添一些东西，需要用时，只要安装上水龙头就可以。

3. 露台（阳台）

方便种植花草和清洁露台。

# 第二节　改电流程及其注意事项

二手房的改造过程中，先检查电路的使用情况，对于老化的电线、简单的电路回路、违规的电线布置要进行彻底更换。在电路拆除中的注意事项：

1.首先要关闭电源，检查房内电线布置，拆除老化的电线。如果原有电线是铝质电线，更换成符合标准的铜质电线。

2. 拆除原有横截面面积比较小的电线，插座线（包括空调冰箱）最好用3线4.0多股，照明线用2线 2.5多股就可以。

## 一、布线工程流程图

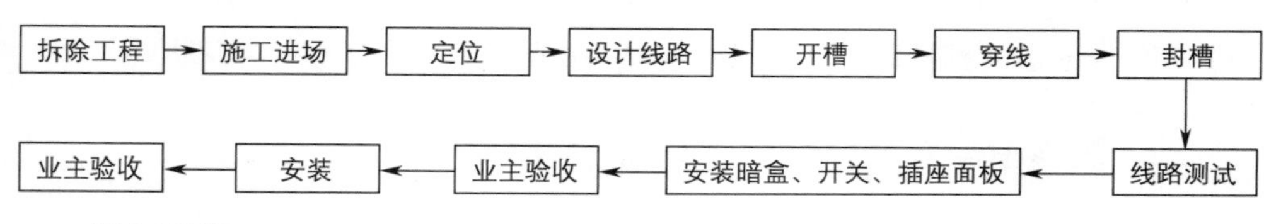


详细讲解：

1. 检查原有电线老化情况，并找出原有电线走向和回路。拆除老化的电线，进行重新设计。前期设计师上门测量出方案及预算，进行重新规划。

2. 施工人员进场，确定电路走向以及各走向位置。

3. 画线。确定开关、插座、线管的位置后，施工人员用铅笔在墙上画线，线路要求横平竖直，这是整个水电改造的依据，因此操作一定要严格仔细。

4. 开槽。用切割机械及电锤将所画线路走向切割出槽，要严格按照线路裁切，以防破坏其他墙面。

5. 电线穿管。在同一根线管中，所通过的电线尽量少，一般不超过3根，穿线太多，不利于维修。不同的信号线必须单独穿管，不可共用同一根线管。

6. 封槽。将线管埋进槽内，用水泥或快干粉将线管固定。

7. 安装暗盒开关、插座面板。

8. 业主验收。不合格的部分，要及时要求改电人员返工。

9. 验收合格，改电公司把每个房间的电路图交给业主。

## 二、电路改造中的注意事项

1. 在对二手房的电路改造中，一定要检查电线的老化情况、电路设计、有没有配电箱等，如果电线老化或者是没有套管的埋墙作业，一定要拆除，更换符合国家标准的铜线，重新布线，并进行套管埋墙设置。没有配电箱的二手房重新设置电路时要设置配电箱。

2. 最好在合同中注明电路改造所用电线的品牌。全屋的开关应基本处于同一水平位置，对插座有特殊要求的如空调、冰箱等的插座除外。

3. 电路改造中的相线、零线的颜色最好保持一致。最好在合同中注明火线、零线、控制线的颜色，保护线按国家标准规定应为黄绿双色。

4. 插座线（包括空调冰箱）最好用3线4.0多股，照明线用2线 2.5多股就可以。

5. 很多二手房都没有弱电系统，在弱电系统布线时要与强电系统分开，一般强电在上，弱电在下。布线要横平竖直。

6. 穿管时，一根PVC管内的电线不要超过3根，电线横截面的面积不应超过管内截面面积的40%。

## 三、家装中可能要改电的项目

1. 主卧、次卧

（1）主灯，最好安双控开关。

（2）有线电视，考虑位置是否合适，要预留液晶电视的插座。

（3）网络电话。

（4）台灯，可以在两个床头柜后各加一个插座，也可以在床头柜上方加，使用更方便。

（5）空调插座。

（6）过道需要安装灯。

（7）光线不好的大衣柜可以考虑安装一个小灯。

（8）机动插座2个，放在开阔的墙面上，方便吸尘器、电熨斗等家电的使用。

2. 卫生间

（1）浴霸或排气扇。

（2）镜灯，镜灯开关，镜边插座。

（3）主灯。

（4）热水器插座。

（5）洗衣机插座。

（6）干手器插座。

（7）背景音乐扬声器，背景音乐音量开关。

（8）电取暖器插座。

（9）电话，一般在坐便器后。

3. 书房

（1）主灯。

（2）落地灯。

（3）有线电视。

（4）空调插座。

（5）网络电话。

（6）机动插座2个。

（7）背景音乐。

4. 客厅

（1）有线电视，可以考虑液晶电视、等离子电视、投影仪等，相关电源3个。

（2）网络电话。

（3）家庭影院环绕音箱。

（4）机动插座4个以上。

（5）空调插座。

（6）门厅灯、效果灯。

5. 餐厅

（1）餐灯。

（2）火锅插座。

（3）配餐柜插座。

（4）背景音乐。

（5）有线电视。

（6）电话。

（7）机动插座1个。

6. 厨房

（1）抽油烟机插座。

（2）厨宝插座。

（3）电饭煲、微波炉、榨汁机、电冰箱、电烤箱、洗碗机、消毒柜、燃气热水器、电磁炉等插座。

（4）有线电视、背景音乐、电话；阳台可以加插座、背景音乐、网络电话。

（5）插座最好多预留2个，方便日后添置新的电器。

## 第三节　泥工流程及其注意事项

### 一、泥工工程流程图

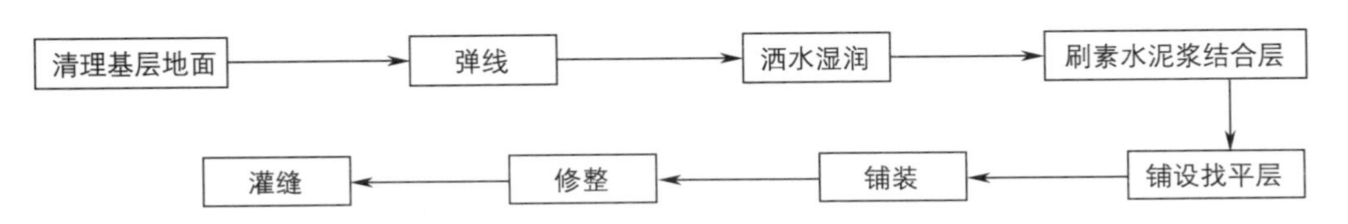


详细讲解：

1. 清理基层地面。处理干净基层地面，地面中有凸起的地方要凿平，凹下去的地方要修补平整。在找平前，地面应洒水湿润，以提高基层的黏结能力。

2. 弹线。标高基准线，应弹在墙面距基层50cm处，有地漏的地方应朝地漏的方向放坡。

3. 洒水湿润。洒适量的水，以无积水为准。这样做可以调整基层含水量。

4. 刷素水泥浆结合层。素水泥浆的水灰比例2：1，可加入适量的（比如水重量的百分之二十）的建筑胶，以增加黏结强度，涂刷后应立即找平。

5. 铺设找平层。用水泥砂浆找平，铺设后刮平、拍实、搓毛，施工应由里向外进行。

6. 铺装。铺装操作时要每行依次挂线，石材必须入水湿润，阴干后涂刷面层，铺贴时，从中间向四周退步铺装，安放石材、瓷砖必须同时下落，并用橡皮锤敲实平整。

7. 修整。边铺装边修整，用靠尺检查是否平整。

8. 灌缝。铺装完2天后，再次进行检查修整，先灌稀水泥浆，再撒干水泥，稍后用棉纱反复揉擦，将缝填满，溢出表面的水泥砂浆应用湿布擦干净。

9. 养护。石材瓷砖地面铺装后养护十分重要，安装24小时后必须洒水养护，48小时内禁止在上面行走。

## 二、泥工施工过程中的注意事项

1. 贴瓷砖最好由一人做，如果多人做因镶贴风格不一样，贴出来的效果会有所差别。

2. 瓷砖填缝最好用填缝剂，效果要好一些，擦缝完成后要立即对瓷砖进行清理。

3. 泥水工砌墙之后批灰之前，水电工同时进场进行水电改造。

4. 防水要严格按照施工说明进行施工，要求刷几遍就要刷几遍，一定不要少刷。

5. 防水一定要做闭水试验。

6. 不同品种、强度等级的水泥不能混用。水泥一定要看清楚生产日期，超过出厂期三个月就尽量不用。黄砂一定要用河砂。

7. 墙地砖要浸水2小时以上，阴干后才能镶贴。购买墙地砖时，一定要多买几片，防止出现色差，便于更换。

8. 地面贴浅色大理石时，石材背面要做防水。地面大理石宜干铺。

9. 镶贴瓷砖时，阳角处要割45° 角。

10. 地砖要向地漏处倾斜，否则容易积水。

11. 墙砖碰到管道口要采用套割的形式，这样看起来还是整块的砖。

12. 阳台地砖要注意排水方向。

# 第四节　木工流程及其注意事项

## 一、木工施工流程图

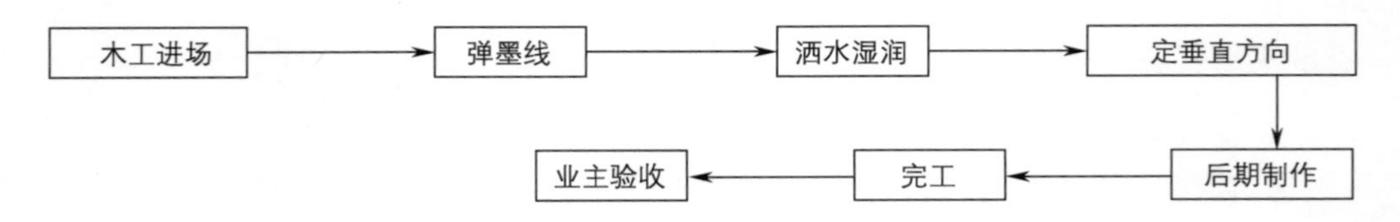

详细讲解：

1. 木工进场，与业主确定施工项目。对照设计图纸，最好在交底时由设计师详细讲解，以保证最后良好的效果。

2. 仔细测量，弹墨线。确认业主在装修设计中在墙面、地面需要做的装饰和储物兼备的木制品，在开工前仔细测量并弹上墨线，确定所有木工制作的水平基准线在同一水平线上。

3. 用铅垂线定垂直方向。确定水平线后，同时要保证其竖直方向垂直向下，木工人员用铅垂线仔细测量，把竖直方向的误差控制在允许的范围内。

4. 后期制作。

（1）现场制作门套、木柜等木制品。各种门套和木制品的贴面是最能考验木工手艺的地方，完工后所有贴面的45° 角要平整划一，此外，要在表面涂刷白胶，避免表面起拱或出现裂缝。

（2）做电视背景墙。打好木龙骨后，在龙骨上架石膏板，石膏板之间要留有0.5~0.8cm的缝隙，防止日后膨胀起拱。

（3）铺木地板。铺木地板时，木工应先把地板取出进行预铺，适当地调整色差和位置。正式铺设时，一定要预留伸缩缝，防止地板膨胀起拱。

5. 完工，业主验收。

## 二、木工施工中的注意事项

1. 拿到设计师的图纸时，一定要仔细地复核一下尺寸再签字。

2. 木工进场前，板材先进场，应仔细查看板材是否与合同相符，是否是正品。板材要符合国家标准规定的要求。大的木板材买来后要锯开风干。

3. 一定要让白蚁公司来防白蚁。

4. 花色面板买回来后要刷一遍漆，防止弄脏。

5. 卫生间门套的底部须做防水。

6. 制作门套时应注意：现制门套的基层处理非常重要，做出框架后，工人应该用砂纸仔细地打磨，确保门套表面光滑平整，日后进行贴面施工就会事半功倍；如果现制门套要用实木线条包边，应先用胶水把包边仔细贴牢，然后用枪钉进行固定，钉眼不能过大，否则油漆时不容易遮盖住，影响美观。

# 第五节　涂装工流程及其注意事项

## 一、墙漆施工流程图

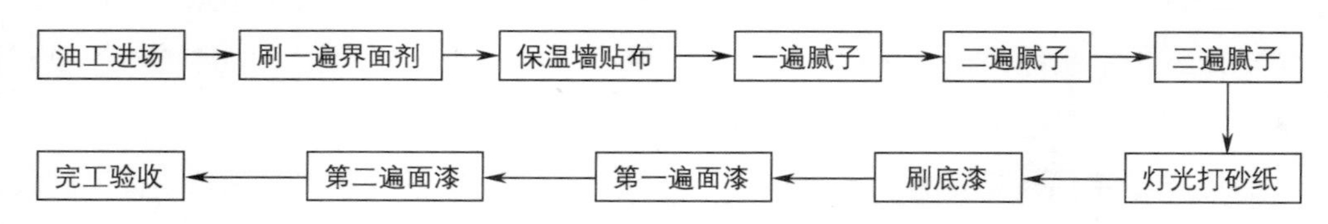


详细讲解：

油漆工进场的时间是在泥水工批完灰、墙面干透之后。

刷漆时，墙面应刷一次底漆两次面漆，并用砂纸打磨三次：

1. 第一次：在批完腻子开始刷第一遍底漆前，用型号低一点的砂纸如360#，将批完腻子并且已经干透的墙面打磨一遍。

2. 第二次：在刷完底漆且干透刷第一遍面漆之前，用型号稍高一点的砂纸如400#进行打磨。

3. 第三次：在刷完第一遍面漆且干透刷第二遍面漆之前，要求用高型号的砂纸打磨墙面，最好用600#或以上的砂纸，可以保证墙面的涂刷效果，避免墙面在涂刷完之后出现类似于面粉的手感。

## 二、油工施工中的注意事项

1. 购买油漆时，最好选择知名品牌的油漆。如果遇到装饰装修公司或施工人员推荐一些没听说过的牌子，一定慎重考虑再决定购买，以防受骗。

2. 中、深色乳胶漆施工时尽量不要掺水，避免出现色差；亮光、丝光乳胶漆最好一次性完成，否则容易出现色差。

3. 墙面原有腻子一定要铲除；墙面有缝隙的地方需要做贴布处理，防止墙漆开裂；石膏板接缝处需要上绷带。

4. 金属面的油漆要做防锈处理；门刷漆时，铰链和门锁要用美纹纸贴住，避免弄脏难以清洗。

5. 贴壁纸时，要在墙上刷清油；如果墙面上有开关、插座等，需要事先把开关、插座的面板卸下来，然后再铺贴壁纸。

6. 一定要等油漆、涂料完全干透后进行打磨；前一道油漆干透后才能进行下一道油漆的施工。

7. 踢脚板安装好后需要用腻子和乳胶漆补缝。

8. 天气潮湿或者太冷时，最好不要刷油漆，避免油漆变质；热天时，一定要注意开窗通风。

# 第二部分　二手房装修改造中常犯的110个错误

## 第三章　哪些失误危及生命安全

本章主要为大家介绍一些会引起生命危险的装修失误，包括私自改电、私改煤气管道、私拆承重墙等危险行为。因为缺乏安全意识和装修常识，您在装修中会留下许多安全隐患，而这些隐患将严重威胁您及家人的安全。所以本章将帮您把这些问题一网打尽，避免装修给您带来严重的人身伤害。

### 1. 落地窗未安装护栏　导致家人坠楼

**错误档案**

关键词：落地窗　防护栏

是否必须重新装修：不是必须，视窗户情况决定

常犯错误：未装护栏　护栏不够高存在坠落危险

#### 典型案例

梅女士新近购买了一套二手房，位置在三楼，宽敞的落地窗，窗外的风景一览无余。搬进新家的第一天，梅女士在整理衣物，三岁的儿子坐在地毯上玩小汽车。梅女士无意中回头看了看儿子，竟看到儿子趴在开着的窗户上使劲地往下看。梅女士吓呆了，就在她想着如何才能不惊动儿子安全抱回他时，只见儿子回过头来，一只手拿着小汽车冲她晃了晃，又转回身，把上半身努力地探出窗外。梅女士顿感一阵寒意，一个箭步冲到窗前想要抓住儿子，但还是晚了一步，孩子一头栽了下去。

## 错误分析

落地窗没有装护栏是造成悲剧的罪魁祸首。

图3-1 安有护栏的落地窗

现在，有很多住宅楼房都设计了美观大方的落地窗，采光好，观景效果好，充满了时代气息。然而，人们在购买带有落地窗的房子时，只看到了它的优点，却忽略了它危险的一面，尤其是家里有孩子的住户。这是因为大多数的落地窗都没有设计护栏，存在孩子坠落的危险；其次，落地窗的玻璃也存在很大的危险。开发商在选择玻璃时并不会选择最好的，因此，当小孩子在玩耍或者打闹时，就有可能撞碎玻璃受伤，严重时还会从撞碎的窗户中掉下去。

## 预防措施

1. 根据国家的相关标准规定，凡是落地窗、飘窗都必须安装护栏（图3-1），否则不予安全验收。因此，如果原房主已经安装了护栏，严禁拆除。如果对已安装的护栏不喜欢，住户可以更换一个自己喜欢的护栏。

2. 所安装的防护栏一定要达到安全高度，或者可以安装整块的防护网。《住宅设计规范》（GB 50096—2011）的规定：

阳台栏杆设计必须采用防止儿童攀登的构造，栏杆的垂直杆件间净距不应大于0.11m，放置花盆处必须采取防坠落措施。

住宅的阳台栏板或栏杆净高，六层及六层以下的不应低于1.05m；七层及七层以上的不应低于1.10m。封闭阳台栏板或栏杆也应满足阳台栏板或栏杆净高要求。七层及七层以上住宅和寒冷、严寒地区住宅宜采用实体栏板。

外窗窗台距楼面、地面的净高低于0.90m时，应有防护设施，窗外有阳台或平台时可不受此限制。窗台的净高或防护栏杆的高度均应从可踏面起算，保证净高达到0.90m。

3. 在安装护栏的情况下，为了防止普通玻璃遭到撞击后碎裂伤人，住户可以更换一块钢化玻璃，这样，即使打碎了也不会产生锋利的棱角，不会伤及人体。

### 原设施是否继续使用的判断标准

如果购买的二手房已经带有护栏，业主可以根据以下标准判断是否继续使用：

1. 查看原有的安全护栏的使用年限，如果已经安装了多年，建议更换掉。

2. 查看原有护栏的材质，如果护栏是优质钢材，结实耐用，承重力强，且保养较新，可以继续使用；反之，如果护栏松动，且生锈老化，一定要拆除重新安装好的护栏。

3. 看原有护栏的高度。这一条可以作为家有小孩和老人的业主的第一判断标准。护栏高度参照“预防措施”中进行判定；即使没有小孩和老人，如果原有护栏高度低于1m，也建议拆除更换新护栏。

## 2. 私自改电　引起漏电

**错误档案**

关键词：私改电路　漏电

是否必须重新装修：必须，易触电危及生命

常犯错误：电路不规范　漏电

### 典型案例

小张购买了一套小户型的二手房，装修时，小张想到房子面积小，家用电器也不会太多，因此，他私自设计了电路走向，并兴高采烈地开始实施起来。没想到在改电过程中，小张意外触电。幸运的是小张被家人及时送往医院，没有生命危险，但却造成了手指的严重伤残。

## 错误分析

改电是家庭装修中的重点，尤其是二手房的电路改造，一定要详细规划。电路主要有各房间的插座、照明灯、装饰灯、开关等强电，还有网络、电话、电视、家庭影院等音频、视频的线路，电路做好了，今后生活品质会有极大的提高。电路做得不好，无异于在家中人为地制造危险，家人稍有不慎就会触电，轻者伤痛，重者身亡。因此，当新家需要做改电设计时，一定要请专业电工来改动，以免埋下隐患，给日后用电带来危险。

## 预防措施

1. 在电路改造施工中，一定要请专业的电路改造公司，虽然价格偏高，但品质有保障，售后服务可靠。

2. 三级（三孔）插座必须接零保护。单相用电设备特别是移动式用电设备，都应使用三芯插头和与之配套的三孔插座。接线时专用接地插孔应与专用的保护地线相连接。三孔插座上有专用的保护接地插孔，在采用接零保护时，接零线应从电源端口专门引来，而不应就近利用引入插座的零线。

3.二手房中的老化的电线必须更换成符合国家标准要求的电线，并对暴露在墙外的电线进行套管埋墙设置，来避免漏电事故发生。

4. 改电施工时的注意事项：

（1）电线埋墙时，一定要穿套管，避免漏电和引发火灾，也方便日后检修。

（2）选择电线时，要用铜线，忌用铝线（由于铝线的导电性能差，使用中电线容易发热、接头松动甚至引发火灾）。

（3）电线一般不宜直接放在顶棚内，以免因短路而引起火灾，而应穿套管后再放在顶棚内。

（4）厨房改电时要横平竖直，切忌开斜槽。

（5）卫生间里改电时，要多做一遍防水，以免发生漏电危险。

## 3. 电热水器无safe care标志　引发漏电

**错误档案**

关键词：热水器　safe care标志　漏电

是否必须重新装修：不是必须，视情况而定

常犯错误：为省钱买劣质产品　不注意安全标识

### 典型案例

付完二手房全款后，小王手里所剩无几，无奈新买的房子里没有安装淋浴设备，小王只得花钱买了一个便宜的电热水器安装在卫生间里。这天，小王进家后像往常一样打开热水器，站在喷头下的小王忘情地冲着热水澡，却没有料到危险就潜伏在身边——热水器突然发生了漏电，小王一下子倒在了浴室中……

### 错误分析

合格的电热水器在漏电后，一般会自动断电，而小王家所发生的悲剧是出于以下两点：一是贪图便宜而购买了劣质、老化的电热水器；二是热水器没有接地线。没有地线或火线、地线安装位置不正确都会引发电热水器漏电。此外，安装热水器时没有配剩余电流断路器，导致热水器漏电时电流直接接触到人，也是造成小王悲剧的原因。

### 预防措施

1. 一定要购买带有safe care标志（图3-2）的热水器。它是中消协、中国家电研究院、中国家电协会制定的安全热水器的标志。safe care主要指一种“防电墙”安全防护技术，它能在电热水器发生诸如绝缘不良、器件损坏等造成漏电或者外界环境带电的情况下，确保人身安全。

2. 购买热水器时一定要选择正规厂家，不仅质量有保证，而且售后服务好。一旦产品发生问题也可以要求赔偿。

3. 要请专业人员安装，保证地线、火线安装正确。

4. 在热水器标注的使用年限内使用。如果超出了使用期限，水箱内的电热管就会发生破裂，导致电热丝与水接通，造成触电事故的发生。

图3-2　带有safe care标志的热水器



## 原设施是否继续使用的判断标准

如果所购二手房已经有了电热水器，可以根据以下标准判断是否继续使用：

1. 看原电热水器有没有safe care防电墙功能，如果没有，坚决淘汰。

2. 看原电热水器的使用年限：如果在使用年限内，可以继续使用；如果超出使用年限或者临近使用年限，一定要更换新的电热水器。

3. 如果符合上述两条，还应该看品牌，如果是品牌产品，且保养良好，可以继续使用；如果是杂牌（贴牌）劣质产品，建议更换新的。

### 电热水器品牌推荐

1. 海尔电热水器——中国青岛海尔集团有限公司
2. 西门子电热水器——西门子（中国）有限公司
3. 美的电热水器——广东佛山美的集团有限公司
4. 万家乐电热水器——广东万家乐燃气具有限公司
5. A.O.史密斯电热水器——美国A.O.史密斯公司
6. 阿里斯顿电热水器——阿里斯顿电器（中国）有限公司
7. 万和电热水器——广东万和集团有限公司
8. 樱花电热水器——樱花卫厨（中国） 股份有限公司
9. 帅康电热水器——帅康集团
10. 奥特朗电热水器——奥特朗电器（广州）有限公司

## 4. 太阳能热水器没装避雷设备 导致电击

**错误档案**

关键词：太阳能热水器 避雷设备 电击

是否必须重新装修：不是必须，视情况而定

常犯错误：无防雷设施 雷击隐患

### 典型案例

李先生购买的二手房装修精致，家具家电配备齐全，属于拎包入住类型。唯一遗憾的是没有热水器。经过一番比较，李先生安装了太阳能热水器。然而，没有想到的是，就是这个给生活带来方便的现代化设备却让李先生的爱人受到了伤害。

原来，安装在楼顶的太阳能热水器没有装避雷设备，打雷时李先生的妻子恰好在洗菜，就在这时，强大的雷电流通过水管进入了室内，李先生的爱人猛地受到了水流的电击，随后被紧急送往医院……

### 错误分析

目前，绝大部分家庭都安装了太阳能热水器，有些还是开发商免费赠送的，这些太阳能热水器都安装在水箱或屋脊上面，成了建筑物最高点。由于一些安装公司和用户缺乏防雷安全意识，安装过程中并没考虑对太阳能热水器进行防雷保护，这就给太阳能热水器留下了雷击隐患。而夏季是雷雨的多发季节，又是太阳能热水器使用的高峰期，这些都给业主们的生命财产形成了潜在的威胁。一旦有雷击，这些太阳能热水器就成了引雷针，强大的雷电流通过水管引入室内，危及其他电器乃至使用者的人身安全。此时如果有人正在用水，则非常危险，即使是洗洗手，也会遭到电击。

## 预防措施

1. 安装太阳能热水器时要增设避雷针。虽然楼房装有避雷设施，但由于太阳能热水器处于楼房的最高点，因此为了安全应该再加装一个避雷针。此外，从防雷安全上讲，屋顶太阳能热水器顶部应至少低于避雷针1.5m，并与避雷针保持3m左右的安全距离，同时在已安装的热水器上增设避雷针。

2. 安装在楼顶太阳能热水器的电源线、信号线均应采用金属屏蔽保护。电源线路上也最好安装电源避雷器，一方面防止从导体串下来的雷电流，损坏太阳能热水器加热、水位以及温度监测显示系统，另一方面也可防止雷电流通过电源线路波及电源系统，损坏其他家用电器。在强雷雨天气应尽量避免使用太阳能热水器，外出时最好拔掉热水器的电源插头。

3. 如果家里装有太阳能热水器，打雷前一定要把家里所有插座关闭。雷电主要有两种，一种是直击雷，一种是感应雷。直击雷是指雷电直接打到建筑物上，而避雷针防的就是直击雷，它能把直击雷导入地下，保护的是建筑物本身。感应雷是由雷云的电磁感应引起，通俗地讲，就是空中的雷电流和架空线（电话线、电源线）等碰撞。这个时候如果线路末端的家用电器、电子门铃等弱电系统处于通电状态，就会因电压的突然升高而烧毁。避雷针防不了感应雷，因此，即使建筑物有避雷针，在雷雨天气也一定要关闭家里所有的插座。

## 原设施是否继续使用的判断标准

如果所购二手房已经有了太阳能热水器，可以根据以下标准判断是否继续使用：

1. 看原有太阳能热水器在安装时有没有加装避雷针。如果没有，一定要安装避雷针；如果安装困难，建议更换其他种类的热水器。

2. 看原有太阳能热水器的使用年限。太阳能热水器的使用年限在12~20年之间，业主可查询原有太阳能热水器品牌的使用年限，如果在使用年限内，可以继续使用；如果超期服役或临近使用年限，一定要更换新的太阳能热水器。

3. 看品牌。如果是品牌产品，且保养良好，可以继续使用；如果是杂牌（贴牌）劣质产品，建议更换新的。

4. 看太阳能热水器的使用程度，是否有过冻管、跑水等情况。如果有，建议

更换新的；不要指望修好了就能高枕无忧，事实上，反复修理所用的财力人力都超过购买一个新的所需的财力人力。

**太阳能热水器品牌推荐**

1. 皇明太阳能——山东皇明太阳能集团有限公司
2. 四季沐歌太阳能——北京四季沐歌太阳能技术有限公司
3. 华扬太阳能——江苏华扬新能源集团
4. 太阳雨太阳能——江苏太阳雨太阳能有限公司
5. 力诺瑞特太阳能——山东力诺瑞特新能源有限公司
6. 辉煌太阳能——江苏淮阴辉煌太阳能有限公司
7. 天普太阳能——北京天普太阳能工业有限公司
8. 清华阳光太阳能——北京清华阳光能源开发有限责任公司
9. 亿家能太阳能——山东亿家能太阳能有限公司
10. 桑夏太阳能——江苏桑夏太阳能产业有限公司

## 5. 推拉门轨道突起在地板上　一个跟头滚下楼梯

**错误档案**

关键词：推拉门轨道　滚下楼梯

是否必须重新装修：不是必须，及时改正做好防范措施

常犯错误：推拉门轨道太高　容易被忽略绊倒

### 典型案例

陈先生购买的二手房是一套跃层楼房。原房主为了让楼上楼下有单独隐蔽的空间，在二楼的楼梯入口处安装了一道推拉门。推拉门采用的是老式门框，结实

而笨重，隔音效果不错。不足之处是推拉门的轨道突起在地板上，每次进门时，需要把脚抬起来跨过轨道，很不方便。考虑到自己家里没有老人和孩子，陈先生在重新装修时未加改动，保留了这一装修。一次，陈先生的朋友带着孩子来玩。临走时，孩子在前，陈先生正要提醒孩子注意轨道时已经为时已晚，孩子被突起的轨道绊了一下，接着摔下了楼梯……

## 错误分析

推拉门的下轨道突起在地板上（图3-3），是造成惨剧发生的关键。初次登门者在登完最后一个踏步时，很容易忘记突起的轨道，脚底突然被绊一下，身体就会扑向前方，如果一时稳不住，就会摔一个跟头。上楼时还好，但是下楼梯时就惨了，一个跟头摔下去，就会顺着整个楼梯滚落下去，轻者重伤，重者会导致大脑受伤，甚至丧命。

图3-3 推拉门的下轨道突起在地板上

即使是家人很熟悉这个环节了，一旦有急事下楼梯，或者是一时高兴忘记了，都会有摔跟头的危险。因此，这个突起的轨道在安装时就埋下了安全隐患。

## 预防措施

1. 在装修设计中，如果需要安装推拉门，安装时一定要把下轨道嵌进地板里，或者选择门轨在上方的推拉门。

2. 如果是跃层楼，在二楼的入口处尽量不要安装门，一来影响美观，二来楼梯处的空间会缩小。即使一定要装门，可以在离开楼梯处1m远的距离设计一道门。也可以在底楼的入口处安装一道门，错觉上可以造成一个房间的印象。为了弥补挡住楼梯的遗憾，可以请设计师专门设计成一道富有特色的门。

3. 选购质量上乘的推拉门。选购时，要从以下几点入手：

（1）门框材料和门板厚度。滑动门使用的边框材料有碳钢材料、铝钛合金材料等，其中铝钛合金材料最为坚固耐用；门板厚度最好选择10mm或12mm厚的板材，使用起来稳定、耐用。

（2）滑轮。关键点是底轮承重能力和灵活性。市场上滑轮的材质有塑料滑轮、金属滑轮和玻璃纤维滑轮3种。玻璃纤维滑轮韧性、耐磨性好，滑动顺畅，经久耐用。

（3）轨道。关键点是轨道定位和减振装置。

（4）密封性。尽量选择间隔小、毛条密的产品，杜绝了灰尘的侵入。好的推拉门拉起来平滑，没有噪声，没有杂质，沉稳且轻滑，差的则有噪声，有跳动感。因此，选购时，最好做多种比较，仔细挑选。

### 原设施是否继续使用的判断标准

如果二手房带有推拉门，业主可以根据以下标准判断是否继续使用：

1. 看原有推拉门的材质及使用年限。如果整扇门使用的都是优质材料，且使用年限短，可以继续使用；如果材料不佳或已使用多年，二者有其一都建议更换掉。

2. 看保养程度。如果是碳钢或铝钛合金制作的推拉门，要检查表面有无磕碰痕迹，轨道滑动是否顺畅；如果是木质门框，要检查木门框有没有变形、开缝，轨道是不是顺畅。

3. 看安全性能。如果原有推拉门又高又宽，且安全挡条少，存在安全隐患，建议更换掉。

4. 看美观程度。依业主眼光而定。如果推拉门的造型、材质、颜色均无可挑剔，符合业主的审美，可以继续使用；一些老旧的推拉门虽然结实耐用，但谈不上美观，在资金宽裕的情况下，可以考虑更换掉。

## 6. 阁楼护栏高度不够　导致家人翻身坠楼

**错误档案**

关键词：护栏高度　坠楼

是否必须重新装修：不是必须，可以后期改造，增加高度

常犯错误：护栏不够高　空隙过大

## 典型案例

高女士家购买的二手房是小户型叠加房，即楼盘宣传册中的“买一层送一层”，有上下两层窗户，可以自行设计阁楼。当初看房时，高女士一眼就相中了原房主设计的半开放式的顶层阁楼。木质踏板做成的旋转楼梯直通顶层，楼梯扶手一直延伸到整个二层，成了阁楼的护栏。站在阁楼扶着栏杆向下看，整个客厅一览无余，全家人都喜欢站在二楼向下观看。没过多久，这个欣赏风景的好地方竟然成了全家人的伤心地。原来，高女士的爱人在一次喝醉了酒后，跌跌撞撞地爬上阁楼，然后靠着扶手向下看，不料身子向前一倾，一个趔趄竟然从阁楼翻身摔了下去。

## 错误分析

高女士家二楼的护栏高度太低，直接酿成了悲剧。

图3–4 与楼梯一体的护栏

目前，越来越多的顶层设计成户主可自行分隔楼层的形式，很受年轻人的喜爱。阁楼就可以按照户主的意愿设计成多种多样，比如全封闭的，类似于复式楼房，只留一个小楼梯爬到二楼；也有开放式的，只把整间房的一半空间设计成二层阁楼，剩余的一半作为一个大客厅。这种形式光线好，空间开放，即使只有五六十平方米的房间，看上去却大得很。

这种开放式的二层虽然空间大了，却容易存在安全隐患。尤其是阁楼上的护栏，因其与楼梯一体（图3–4），多数户主为了美观会降低楼梯的扶手高度，这样一来直接影响到二层阁楼的护栏高度。当扶手的高度低于1m时，站在二楼的人，一个不小心就会跃过栏杆摔下来，造成伤残。

## 预防措施

1. 根据我国现行《民用建筑设计通则》（GB 50352—2005）规定：住宅套

内楼梯踏步宽度不应小于0.22m，踏步高度不应大于0.20m。室内楼梯扶手的高度自踏步前缘线（向上）量起不宜小于0.90m。靠楼梯井一侧水平扶手长度大于0. 50m时，其高度不应小于1.05m。

安装楼梯时，一定要测量好尺寸。扶手的高度要严格从踏步前缘线（向上）量起，切忌从踏步中心线向上量取，否则会比设计要求低半个踏步高度，造成扶手的高度降低，存在安全隐患。

2. 扶手的高度一定要达到规定中的高度。如果家人个头高，可以依身高比例增加扶手的高度，最好能超过腰迹线以上，这样做可以保护家人不会因疏忽而摔下去。

3. 护栏高度、栏杆间距、安装位置一定严格按照设计要求安装，安装后不能有小孩可以钻过的空隙。家里有老人或者小孩，一定要考虑到他们的人身安全。

4. 如果安装木楼梯，一定要选择上等的树种、材质，还要有较好的防火、防虫、防腐功能。踢板、踩板、帮板等的制作一定要符合设计要求，使整座楼梯安装得坚实牢固。

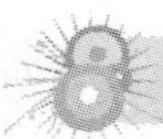

## 原设施是否继续使用的判断标准

如果购买的二手房室内已经带有护栏，业主可以根据以下标准判断是否继续使用：

1. 查看原有护栏的材质，如果护栏是金属材质，没有生锈松动，且保养较新，可以继续使用；如果是木质楼梯，没有裂缝、断裂等现象，可以继续使用；反之，如果护栏出现了生锈开裂松动等情况，一定要拆除并重新安装质量好的护栏。

2. 看原有护栏的高度。这一条可以作为家有小孩和老人的第一判断标准。护栏高度参照“预防措施”中进行判定；即使没有小孩和老人，如果原有护栏高度低于1m，也建议拆除更换新护栏。

3. 看原有护栏立柱间的宽度。如果家里有幼儿，这一条要放在首位。业主们一定要提高重视，要检查立柱之间的空隙能不能让小孩子钻进钻出，如果能，果断地拆除更换新的护栏；如果护栏从材质、造型、保养等方面均不错，业主舍不得拆除，也可以在原有护栏基础上进行改造，加密立柱，以小孩钻不过去为标准。

## 7. 劣质淋浴房引起爆炸

**错误档案**

关键词：淋浴房　爆炸

是否必须重新装修：不是必须，视情况而定

常犯错误：没有灭火器　火灾

### 典型案例

李先生虽然购买的是二手房，但投入重金重新装修，尤其是花高价安装了整体浴室，美观气派又舒适。这天，李先生在客厅里看电视，儿子在享受着淋浴房的舒适。突然，房间里“嘭”的一声巨响，接着是“哗啦”的声音，随后就传来儿子的尖叫声。李先生一惊，站起来就往卫生间跑，眼前的场景让李先生惊呆了：淋浴房的玻璃炸没了，地面堆满了大大小小的玻璃碎片，而儿子倒在地上，浑身是血……李先生傻眼了：自己花一万多块钱安装的淋浴房怎么突然间就爆炸了呢？

### 错误分析

淋浴房是现代家庭装修中倍受追捧的产品，市场上销售的淋浴房既有进口的也有国产的，它在提供方便的同时所带来的安全隐患也不容忽视。由于我国目前还没有制定出生产淋浴房的国家标准，只有企业标准，因此，市场准入条件都是企业自己定的，再加上销售淋浴房利润丰厚，造成市场上淋浴房质量无保证，价格虚高。一些不法企业为了谋取高利润，往往偷工减料，采用半钢化玻璃或热弯玻璃来降低成本。消费者在购买时很难分辨出优劣，很容易购买到“三无”（无详细生产厂名、厂址，也没有合格证）的淋浴房，这种淋浴房通常用普通玻璃做成，受外界因素影响如冬天用热水夏天用冷水而发生爆裂，造成财产损害，严重时还会造成人员伤亡。

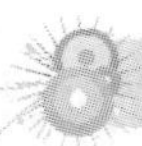

## 预防措施

1. 在装修之前，应把淋浴房放在装修规划中。首先，在基础装修前要做好布线位置、剩余电流断路器的设置，以免安装时返工或者给日后使用带来不便，如剩余电流断路器的位置设计在淋浴房的后面，一旦在淋浴房使用时剩余电流保护切断，维修人员就只能搬开淋浴房才能进行操作，影响维修顺利进行。

其次，还要依据卫生间的面积大小和高度选购淋浴房，以卫生间高度为2.4m为例，如果安装双人淋浴房（以1.5m×1.5m为准）要求卫生间大小在10m$^2$左右，最小的淋浴房（以1m×1m为准）需要卫生间在4~5m$^2$大小，因此，在购买淋浴房前要预先留足淋浴房空间，避免淋浴房太大卫生间安装不下。

2. 选购淋浴房时，一定要到大型商场购买正规厂家生产的品牌产品。查看产品的合格证、详细的生产厂家、厂址以及联系方式，仔细阅读说明书，向销售人员确认产品的制作材料，最好选择售后服务良好的产品。

好的淋浴房应该是用钢化玻璃制作成的，钢化玻璃抗弯强度和抗冲击强度都比普通玻璃高好几倍，而且比普通玻璃更适应骤冷骤热的变化，一般可承受150℃以上的温差变化，可以有效防止热炸裂。即使钢化玻璃碎裂后，碎片也呈分散细小颗粒状，没有尖锐棱角，不会对人体造成伤害。

3. 合理分配卫生间空间。现代家装设计中，很多人将家里的卫浴空间分区处理。如果卫生间空间在10m$^2$左右，即可设干湿区，如果小于10m$^2$，最好不要安装淋浴房，建议使用玻璃隔断进行较合理的分区设计。

4. 如果卫生间的空间比较小，尽量不要安装淋浴房，可以挂一个浴帘，既省钱又环保，地上再砌起一圈挡水，还可以防止“水漫金山”“水花四溅”。

## 原设施是否继续使用的判断标准

如果所购二手房带有淋浴房，业主可以根据以下标准判断是否继续使用：

1. 看原有淋浴房的使用年限。如果在使用年限内，可以继续使用；如果超期服役或临近使用年限，一定要淘汰掉。

2. 看材质。如果使用的是优质全钢化玻璃，可以继续使用；如果使用的是劣质钢化玻璃或者是普通玻璃，一定要更换掉！更换掉！更换掉！重要的事情说三遍！

3. 看保养程度。检查淋浴房的五金有没有锈蚀老化，推拉门的滑轮使用起来有没有变皱发涩，螺钉有无松动脱扣，如果有，建议更换新的淋浴房。

**淋浴房品牌推荐**

1. 阿波罗淋浴房——阿波罗（中国）有限公司
2. 箭牌淋浴房——广东省佛山市顺德区乐华陶瓷洁具有限公司
3. 英皇淋浴房——佛山高明英皇卫浴有限公司
4. 德立淋浴房——中山德立洁具有限公司
5. 金莎丽淋浴房——中山市莎丽卫浴设备有限公司
6. 丽莎淋浴房——中山市伟莎卫浴有限公司
7. 理想淋浴房——佛山理想卫浴有限公司
8. 加枫淋浴房——加枫卫浴（常熟／无锡）有限公司
9. 科勒淋浴房——美国科勒（中国）投资有限公司
10. 欧路莎淋浴房——上海维娜斯洁具有限公司

## 8. 私拆承重墙　导致楼房坍塌

**错误档案**

关键词：承重墙　安全性

是否必须重新装修：承重墙绝对不能私自拆除

常犯错误：私拆承重墙　改变承重结构

### 典型案例

小王新购入一套80m²的二手房，厨房与卫生间相连，两间房的面积都很小。装修时为了扩大空间，小王把厨房间与卫生间的墙全部敲掉，做了一面带有装饰图案的磨砂玻璃墙，足足有3m长。装修完毕，整个房子顿时开阔多了，尤其是那面大玻璃墙，把厨房和卫生间的空间延伸了不少，小王对此很是满意。

然而，还没等小王住进去享受，整栋楼出现了问题，该楼房所有楼层的墙壁开始出现大小不一的裂缝，裂缝越来越长，越来越宽，甚至能伸进去一根小拇指。当房管局来人查看时，目光死死地盯在了小王家，最终发现这个导致整栋楼“瘫痪”的罪魁祸首是小王家装修时承重墙——厨房与卫生间相连的那堵跨度3m多的墙的拆除。

## 错误分析

在现代装修中，市民对装修设计的要求越来越高，有些设计师为了迎合业主的喜好而不顾设计的安全性，在设计中甚至对业主房屋的主体结构都进行了改动，结果造成了业主居住时的安全隐患。本案例中拆除的墙就属于承重墙（图3–5），这一单元五层高的楼房都靠这些承重墙支撑着，现在突然从中撤掉一堵承重墙，整个楼房的结构失去了平衡，楼板间出现裂缝，严重的开始断裂，致使整栋楼存在倾覆的危险。

图3–5　拆除承重墙留下的痕迹

此外，一些业主对承重墙、非承重墙了解甚少，因此对擅拆承重墙的危害认识不到，即使看到有的业主装修时拆掉承重墙，也不会想到它的危害性，而一些人了解但不愿“多管闲事”，怕给自己日后找麻烦；另一方面，由于房屋产权单位或物业管理不到位，对于业主私自拆除承重墙，有关单位并没有及时制止。

## 预防措施

1. 承重墙是指支撑着上部楼层重量的墙体，在工程图上为黑色墙体，打掉会破坏整个建筑结构；非承重墙是指不支撑着上部楼层重量的墙体，只起到把一个房间和另一个房间隔开的作用，在工程图上为中空墙，有没有这堵墙对建筑结构没什么大的影响。

拆除承重墙会对楼房产生安全隐患，进而对全体业主的居住安全形成潜在的影响。依据《中华人民共和国刑法》第一百一十四条的规定："放火、决水、爆炸以及投放毒害性、放射性、传染病病原体等物质或者以其他危险方法危害公共安全，尚未造成严重后果的，处三年以上十年以下有期徒刑。"因此，私自拆除承重墙，有可能触犯刑律，受到法律的处罚。

2. 非承重墙也不可以私自拆改。《住宅室内装饰装修管理办法》第五条规定：住宅室内装饰装修活动，禁止下列行为：

（一）未经原设计单位或者具有相应资质等级的设计单位提出设计方案，变动建筑主体和承重结构；

（二）将没有防水要求的房间或者阳台改为卫生间、厨房间；

（三）扩大承重墙上原有的门窗尺寸，拆除连接阳台的砖、混凝土墙体；

（四）损坏房屋原有节能设施，降低节能效果；

（五）其他影响建筑结构和使用安全的行为。

本办法所称建筑主体，是指建筑实体的结构构造，包括屋盖、楼盖、梁、柱、支撑、墙体、连接接点和基础等。

本办法所称承重结构，是指直接将本身自重与各种外加作用力系统地传递给基础地基的主要结构构件和其连接接点，包括承重墙体、立杆、柱、框架柱、支墩、楼板、梁、屋架、悬索等。

相对于承重墙来说，非承重墙是次要的承重构件，但同时它又是承重墙极其重要的支撑。它至少要承受两部分载荷，一部分是墙体的自重，以六层住宅为例，底层住宅内的非承重墙要承受上面五层墙体的重量；另一部分是地震力。从结构上讲，非承重墙通常还是设计上的抗震墙。一旦发生地震，这些非承重墙将和承重墙一起承受地震力。如果整栋楼的居民都随意拆改非承重墙体，将大大降低楼体的抗震力。如果遇到特殊情况，住户和施工队应同物业公司商量，并请教有关结构设计人员，对拆后可能出现的情况要及时采取补救措施。

3. 在《住宅室内装饰装修管理办法》中，第六条装修人从事住宅室内装饰装修活动，未经批准不得有下列行为：

（1）搭建建筑物、构筑物；

（2）改变住宅外立面，在非承重外墙上开门、窗；

（3）拆改供暖管道和设施；

（4）拆改燃气管道和设施。

因此，业主在装修时，不得随意在承重墙上穿洞、拆除连接阳台和门窗的墙体以及扩大原有门窗尺寸或者另建门窗，这种做法会造成楼房局部裂缝，严重影响抗震能力，从而缩短楼房使用寿命。

《住宅室内装饰装修管理办法》第三十四条规定：装修人因住宅室内装饰装修活动侵占公共空间，对公共部位和设施造成损害的，由城市房地产行政主管部门责令改正，造成损失的，依法承担赔偿责任。因此，装修时，业主切忌为自家方便损害公共利益。否则，将依法承担相应的责任。

4. 无论是任何墙体，在取得物业的同意后，进行改造时一定要安全施工，禁止野蛮施工，避免弄断墙体中的电路管线。同时，在拆之前也要对电路的改造方向详细考虑。

5.如果是二手房装修，更要慎重拆除墙体。首先要确定承重墙的位置，一定不能盲目拆除。其次其余墙体也尽量不要改动，尤其是有年头的二手房，墙体能不改动尽量不要改动。

## 9. 插座没有保险装置　幼童手指伸进插座孔

**错误档案**

关键词：无保险插座　手指触电

是否必须重新装修：必须，安全隐患，人命关天

常犯错误：插座太低　没有保护措施

### 典型案例

麦先生买了一栋近300m$^2$的旧别墅，装修结束后，一家人兴高采烈地搬进了新居。谁知入住第二天刚满一周岁的儿子就发生了意外。原来，麦先生家在距离地面30cm高的墙壁上有好几个预留插座，儿子在客厅里的地毯上玩耍时，竟对这些带眼儿的小盒子产生了兴趣，于是试着把手指伸进插座孔里。没想到孩子的

小拇指直接伸进了孔里，意外触电……



## 错误分析

现代居室里，很多插座都会设置在距离地面很近的墙壁上（图3-6），在客厅、卧室都有，为了美观，这些插座一般都没有保护装置，幼儿很容易把手指或者其他导电的利器伸进插座孔，引起触电事故。再者，在现代家庭装修中，多数业主都会进行改电，然而他们只考虑到了日后用电的方便，却忽略了改电后插座对家中孩子存在的危险性，尤其是家中的幼儿，孩子天性的好奇心会促使他们摆弄一切自己能摸得到的物体，这些带孔的插座就成了他们探索的目标，最终造成惨剧发生。

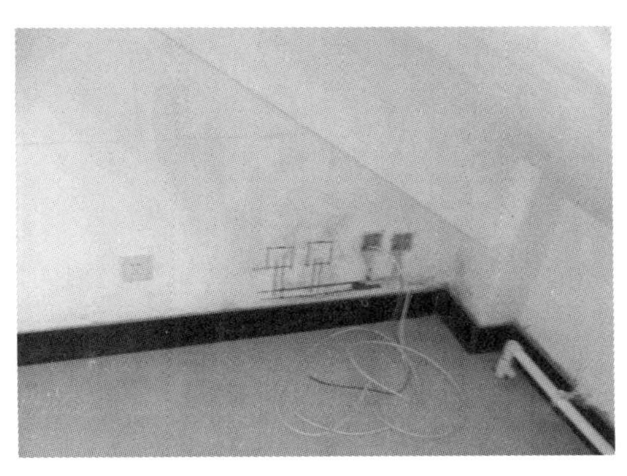

**图3-6 离地面太近的插座**

## 预防措施

1. 做电路设计时，一定要考虑到所有的插座在用电时可能会对家人的安全存在危害。插座最好远离水源，同时避免位置太高或者太低，以防日后使用起来不方便。

2. 家中有0~3岁的孩子，插座最好放置在隐蔽的地方，或者要有物体遮挡住。在离地面1m以内的插座一定要装有保护盖，不用时要随手盖上，防止幼童把手指头伸进插座孔中。

3. 暂时不用的插座可以做一些装饰，避免引起孩子的好奇心。也可以去买一些插座保护盖，把插座孔封上。

4. 购买使用安全插座。安全插座有别于普通插座之处在于：①在通电状态下，安全插座的所有插孔都处于无电状态，只有插入电器插头后才开始供电；②只有当电器插头的两极同时插入时才会通电，单独插入任何一极均不会发生触电危险；③如果连接安全插座的电器没有工作或者关闭，插座会自动断电，不会引起“突

然造访者”触电。因此，安全插座可以很好地保护家人尤其是小孩不触电。

**开关插座品牌推荐**

1. 西门子插座——德国西门子股份公司
2. 西蒙插座——西蒙电气（中国）有限公司
3. 松下插座——松下电器（中国）有限公司
4. 施耐德插座——施耐德电气（中国）有限公司
5 . TCL罗格朗插座——TCL—罗格朗国际电工（惠州）有限公司
6. 公牛插座——上海公牛电器集团有限公司
7. 飞利浦插座——荷兰皇家飞利浦电子公司
8. ABB插座——瑞士ABB集团
9. 飞雕插座——飞雕电器集团有限公司
10. 世耐尔插座——世耐尔电工科技有限公司

## 10. 阳台封装固定不牢　造成塌落

**错误档案**

关键词：阳台改装　封固不牢

是否必须重新装修：不是必须，视情况而定

常犯错误：封装不当　封固不牢　用材不当

### 典型案例

袁先生购买了一处小面积的二手房，考虑到把母亲接过来住空间会更拥挤，于是袁先生请装饰装修公司重新设计了房间的格局。设计的主题以扩大空间为主。装饰装修公司在现场测量后，决定把阳台封装起来，这样就可以多出一个空间做书房。就在塑钢窗户安装完施工人员在做扫尾工作时，意外发生了——塑钢窗户突然塌落下来，一名工人被砸伤……

## 错误分析

现代人越来越重视居室装潢，阳台——这一眺望外界景观和休息的地方也被充分地利用起来。封阳台既可以阻挡噪声侵入、风雨袭击并起到保温的作用,还可以增加居室的使用面积，封闭后的阳台可以用作书房、储物间甚至健身房。

然而，我国现行的《住宅室内装饰装修管理办法》第六条明确规定：装修人从事住宅室内装饰装修活动，未经批准不得搭建建筑物、构筑物。因此，在目前的房屋设计中，阳台上根本没有预留封装材料的“落脚点”，这就使得阳台封装有很大的难度，安装不善就会引发事故。

## 预防措施

1. 封阳台的形式有两种：平面封和凸面封。平面封是指阳台在封完后，同楼房外立面成一平面，是比较常见的封阳台外形。凸面封指封完后窗户突出墙面，业主可以有一个比较宽的窗台使用，但施工要比平封复杂许多，工期也要长很多。平封阳台如使用塑钢或铝合金窗,两三个工人操作,一天就可以完成，凸面封则需要十天左右。

2. 封阳台的材料主要有：

（1）塑钢窗。具有良好的隔音性、隔热性、防火性、气密性、水密性、防腐性、保温性等。价格实惠，是封装阳台比较热销的材料。但用久后会表面变黄、窗体变形。

（2）断桥铝合金窗。很多性能都可以跟塑钢比，并且比塑钢耐持久，但价格要高于塑钢窗，一般用于别墅、高档的阳光房等。

（3）无框窗。具有良好的采光、最大面积空气对流、美观易折叠等优点，但保温性、密封性差，隔音效果不好。

3. 在安装窗户时，业主应监督门窗的水平方向和垂直方向的校正。窗框与墙体之间应用发泡胶进行填充，而且窗框内外侧必须用硅铜胶或密封胶进行密封，防止渗水。安装完毕后，必须将保护膜揭掉，否则会减少门窗的使用寿命。

4. 做好验收工作。一般封阳台使用推拉窗，业主最好亲自开合数次，以确定窗户的封装是否合格。标准是关闭严密，间隙均匀，扇与框搭接紧密，推拉灵活，附件齐全，位置安装正确、牢固。窗框与窗台接口外侧应用水泥砂浆填实，防止雨水倒流进入室内，窗台外侧要有流水坡度。

## 8 原设施是否继续使用的判断标准

如果所购二手房带有封装阳台，业主可以根据以下标准判断是否继续使用：

1. 看阳台封装材料的使用年限。塑钢窗老化速度快，使用年限是5年，断桥铝合金窗使用年限是20~30年，无框窗使用年限是20年。如果封装材料在使用年限内，可以继续使用；如果超期服役或临近使用年限，一定要淘汰掉。

2. 看窗框有没有渗水、漏风等老化现象。如果有，一定要进行更换或修补后再使用。

3. 看美观程度。阳台封装造价往往不低，如果不涉及安全问题，仅仅是不美观，不建议重装，业主可以通过重新刷漆或其他软装饰进行美化；如果业主资金宽裕，对阳台封装有较高要求，不妨拆除重新封装。

# 第四章　哪些失误容易让人受伤

装修中很多小小的疏忽最后可能给人带来超出想象的伤害，为了我们生活的安全舒适，装修细节一定不可忽视。本章主要为大家介绍一些会让人受伤的装修失误。如热水器、吊灯等安装不到位掉落伤人，这些都是可以提前解决的安全问题。

## 11. 施工不规范　导致吊顶成“掉顶”

**错误档案**

关键词：吊顶　龙骨

是否必须重新装修：必须，存在安全风险

常犯错误：吊顶施工不规范　吊顶滑落　龙骨负重超重

### 典型案例

郝女士购买的是已经使用多年的二手房，房间的装修已经破落。于是，郝女士进行了重新装修。装修结束后，郝女士虽然感觉有一些小细节不尽如人意，但整体上还是不错的。入住一年后，郝女士正在客厅打扫卫生，突然从厨房传来“轰隆隆”的声音，好像是重物从高处掉落下来。郝女士赶紧向厨房跑去，眼前的一幕让她惊呆了——吊顶塌了！整个顶完全从顶棚上脱落下来，一头架在橱柜的顶端，一头斜垂着，晃晃悠悠的，还在不断下滑……

### 错误分析

在现代装修中，越来越多的业主把屋顶也纳入了装修设计中，不再满足单调的一面白墙，开始选择吊顶，让新居看起来更美观、更有品位。吊顶虽好看，在施工方面却有着严格的施工要求，一旦施工人员“偷工减料”，吊顶很容易成为

“掉顶”。

本案例中“掉顶”主要是吊顶与楼板以及龙骨与饰面板结合不好造成的。

规范的吊顶施工应是：吊顶龙骨不得扭曲、变形，安装好的龙骨应该牢固、可靠，四周水平偏差不得超过5 mm，超过3 kg重的吊灯或吊扇都不能悬挂在吊顶龙骨上，而应该另设吊钩。如果吊顶使用石膏板做饰面板，其厚度应该在9mm左右。

## 预防措施

1. 了解吊顶常用材料的种类，主要有以下几种：

（1）铝扣板。铝扣板是用轻质铝板一次冲压成型，外层再用特种工艺喷涂漆料，使用寿命长，不易变形，并且耐热、防潮、抗腐蚀、不褪色。其施工也比较简单，安装后不会出现弯曲或中间下坠的情形。铝扣板的色彩比较丰富，可以满足不同人群的需要。

（2）塑钢板。由PVC改进而来，也称UPVC，价格低廉，保温隔音性能好，花色较多，制作安装简便，但是强度低、易扭曲、耐候性差。购买塑钢板时，不要以为硬度越高性能就越好，有些塑钢板虽然很硬却很脆。

（3）纸面石膏板吊顶。在材料表面可刷涂料或贴顶纸，施工方便，强度高，加工性能好。

（4）玻璃吊顶。是结合照明灯具共同组合的吊顶形式，通透感强，不易清洁，因此，不宜用在厨房。

（5）金属吊顶。厨卫吊顶的新宠。色泽优雅多样、立体感强、装饰效果好；防火、防水性能好；材质轻，强度高，安装方便；具有良好的吸音、隔音效果；油烟清洗方便；使用寿命长，不易变形变色。

（6）集成吊顶。将传统吊顶拆分成若干个功能模块，如吊顶模块、取暖模块、照明模块及换气模块等，再通过消费者自由选择组合成一个新的体系，并且能够自由移动，但价格昂贵。

2. 选择好的龙骨。吊顶的龙骨材料主要有木龙骨、铝合金龙骨、轻钢龙骨等几种。木龙骨是传统的吊顶龙骨，其面板部分多采用人造板。轻钢龙骨是以镀锌钢板经冷弯或冲压制成的顶棚和骨架支承材料，具有重量轻、刚度大、防火与抗震性能好、加工和安装方便等特点。吊顶龙骨在保管安装时，不得扔摔、碰撞。罩面板在运输和安装时，应轻拿轻放，不得损坏板材的表面和边角，并应防止其受潮变形。

3. 吊顶施工时，一定要做好监督工作。一旦有存在疑问的地方，要详细问清楚，对施工人员日后保修的承诺，一概不予理会，坚决要求对方按规范施工。《住宅室内装饰装修管理办法》第三十条规定：住宅室内装饰装修工程竣工后，装修人应当按照工程设计合同约定和相应的质量标准进行验收。验收合格后，装饰装修企业应当出具住宅室内装饰装修质量保修书。因此，装修结束后，业主别忘了向施工方索要质量保修书。

4. 如果吊顶变成了“掉顶”，首先要找当初的施工人员要求维修，如果对方拒绝，可以按合同处理；如果是街头的施工队，业主是无法找到他们的。其次，可以通过物业找到小区内的装修队，切忌再找街头施工队，避免再次受骗。施工时，要注意保护好橱柜和瓷砖，防止工人动作粗鲁造成橱柜台面或瓷砖的损坏。

## 12. 射灯未装变压器　导致射灯变“炸弹”

**错误档案**

关键词：射灯　变压器

是否必须重新装修：必须，存在安全隐患

常犯错误：没装变压器　劣质射灯

### 典型案例

李女士很喜欢小射灯营造出来的气氛，在对新购入的二手房进行重新装修时，她特意让设计师在电视墙背景、餐厅、玄关的上方设计了小射灯。购买灯具时，李女士偶然发现店里一款超薄小射灯很精致漂亮，价格也不贵，只要15元，光源是220VG4灯珠。遗憾的是这款射灯不带变压器，虽然知道220V的射灯要比带变压器的射灯寿命短，因为220V的电压不太稳定的，但因为便宜，李女士还

是购买了两只，安装在玄关的上方。安装后两只小射灯确实很漂亮，李女士高兴极了。几天后，李女士给装修好的新居大扫除，她把玄关和客厅里的灯打开，几分钟后，忽然听到“嘭”的一声响，家里就全没电了。事后，李女士找来物业电工才发现，玄关上的射灯爆炸了。

## 错误分析

安装射灯未装变压器是导致本案例中射灯爆炸的主要原因。射灯，是一种安装在较小空间中的照明灯。比如在床头、屋角、柜子内都可以使用。它的优点其一是节省能源，由于它是依靠反射作用来增加亮度的，所以只耗费很少的电能就可以产生很强的光；其二是光线非常集中，可以用来突出室内某一块地方的装饰，还可以增加立体感；其三是光线比较柔和，比较接近于日光，所以不会对人的眼睛产生刺激；第四，在特殊的节日，射灯可以营造出特殊的氛围。

家庭装修中最常用的射灯是下照射灯，仅用于照明，光线不会太亮，一般安装在比较隐蔽的空间，如顶棚下、床头、门厅、走廊等。下照射灯按造型来分可以分为全藏式和半藏式两种。它的特点是光线比较集中，柔和，造型多变，功能多样，还可以作烘托其他装饰物之用。比如在电视机旁可装一盏既可照明又不会影响看电视的射灯，在画像的上方装一盏可以突出装饰物的造型、吸引人们的目光的射灯。

射灯虽然有这么多的好处，但也有不可忽视的缺点，那就是电压不稳定，容易爆炸。因此，在安装射灯时，一定要安装变压器，有效防止爆炸。

## 预防措施

1. 购买射灯时，一定要去正规的灯具店选择品牌射灯，射灯虽小，但也应保证安全，千万不要图便宜购买几元、十几元的无质量保证的射灯。

2. 安装射灯时，一定要安装变压器，或者选购自身带变压器的射灯，可以有效地防止射灯频繁爆炸。

3. 布置射灯时一定要坚持能少就少的原则。很多业主当时觉得漂亮，事实上在日后的生活中很少有机会打开它们。此外，射灯安装太多，虽然自身体积比较小，但密密麻麻的或者空空旷旷的都不会好看，因此，安装射灯前一定要做好合理的计算。

## 13. 浴霸未装在木龙骨上 导致浴霸从天而降

**错误档案**

关键词：浴霸 掉落

是否必须重新装修：不是必须，视情况而定

常犯错误：浴霸直接装在顶棚上 安装不牢固

### 典型案例

小张和妻子都是刚入职的新人，工资不高，为了有一处属于自己的温馨小家，二人省吃俭用购买了一处小面积的二手房，在更换了全套新家电后，夫妻二人兴高采烈地搬进了新房。这天，小张正躺在沙发上看电视，妻子在卫生间里洗澡。突然卫生间传来妻子着急的喊声，小张“噌”地坐起来跑到了卫生间，妻子已经穿好了衣服，这时用手指着头顶的浴霸，小张抬头一看：镶嵌在顶棚上的浴霸此时正摇摇欲坠地盯着他看。浴霸已经脱离了顶棚，只剩中间的电线弱弱地吊着。妻子告诉小张，自己洗澡时就听着房顶“咔咔”的响，抬头一看吓了一跳，赶紧喊他过来。随后，小张喊来物业人员，物业人员踩着梯子爬上去轻轻一碰，浴霸就掉了下来。物业人员告诉小张，幸好发现及时，要不然浴霸砸碎了是小，砸着人可就闹大了。

### 错误分析

本案例中所发生的险情在于工人把浴霸直接装在了顶棚上，而没有固定在龙骨上。

浴霸是现代装修中都要安装的一个电器，因其体积小，往往被业主忽视，也给了工人偷懒的可乘之机。殊不知这种不负责任的行为存在着严重的安全隐患，悬挂在顶棚上的小浴霸就成了业主头顶上的一个小“炸弹”，随时可能掉下来“爆炸”。

## 预防措施

1. 正确安装浴霸。小型浴霸一定要装在龙骨上，不能简单地装在顶棚上，否则顶棚难以承受浴霸的重量，迟早有一天会连带着顶棚掉下来。如果顶棚中使用了木龙骨，也应该做防火和防腐处理。木龙骨贴近墙面的那一面要做防腐处理，也就是涂刷防腐涂料，而其他的面则要做防火处理，也就是涂刷防火涂料。

对于重量大于3kg的浴霸，需要用专业吊件将其固定在原结构顶上。根据《北京市家庭居室装修工程质量验收标准》，重量大于3kg的灯具或电扇以及其他重量较大的设备，严禁安装在龙骨上，应另设吊挂件与结构连接。同时，专业吊件中有木制的地方都要进行防火处理，以防浴霸等电器温度过高，埋下火患。

2. 浴霸的种类。浴霸按照明方式有以下几种：

（1）灯暖式浴霸。最大的优点是加热快，热效果特别好，缺点是其光源会对人的视觉产生影响，淋浴时不可长时间直视。

（2）风暖式浴霸。优点是取暖非常柔和，缺点是启动慢，需要预热时间。如果想进行取暖照明，需要提前开启一段时间。

（3）双暖浴霸，即灯暖加风暖，优点是将二者均匀升温和快速制热的特点相结合，热效率更高。

（4）碳纤维浴霸。优点是采用红外线辐射热量，更健康。缺点是造价高，因此造假也比较多。装修时，业主可根据需要购买安装。

3. 排气扇也要固定。排气扇虽然重量很轻，但是它在运作时会产生振动，因此，最好还是用专业吊件进行固定比较好。

4. 不论是排气扇还是浴霸都需要厂家在安装顶棚前进行预安装，因此，业主在装修过程中要注意协调好排气扇、浴霸厂家和顶棚厂家的安装时间。

## 原设施是否继续使用的判断标准

如果所购二手房卫生间带有浴霸，业主可以根据以下标准判断是否继续使用：

1. 看使用年限。浴霸的安全使用年限在8~10年。超龄使用的浴霸因取暖源和线路老化，不仅会影响取暖效果，更重要的是存在安全隐患，因此如果发现原有浴霸超龄使用一定要淘汰掉，即使是临近使用年限的浴霸，最好也更换掉。

2. 看材质。如果是品牌浴霸，可以放心使用；如果是不知名的产品，即使在有效期限内，也建议更换新的优质浴霸。

3. 看保养新旧。由于普通家庭使用较多的是灯暖式浴霸和风暖式浴霸，这两者的价位通常在三四百元左右，因此，如果发现原有浴霸出现不正常，如取暖灯泡出现明暗或不亮的现象，建议更换新的浴霸。

**浴霸品牌推荐**

1. 奥普浴霸——杭州奥普电器有限公司
2. 飞雕浴霸——上海飞雕电器集团有限公司
3. 美的浴霸——广东美的电器集团有限公司
4. 樱花浴霸——樱花卫厨(中国)有限公司
5. 松下浴霸——松下电器(中国)有限公司
6. 欧普浴霸——中山市欧普照明股份有限公司
7. 宝兰浴霸——浙江宝兰电气有限公司
8. 名族浴霸——上海龙胜实业有限公司
9. 奥华浴霸——浙江奥华电气有限公司
10. 华帝浴霸——华帝股份有限公司

## 14. 吊灯安装错误　掉下来砸中人

**错误档案**

关键词：水晶灯　坠落伤人

是否必须重新装修：不是必须，视情况而定

常犯错误：灯具过重　没有安装支架

## 典型案例

陈先生的房子二次装修很豪华，客厅里的水晶大吊灯价格昂贵，晚上打开，整个客厅就像是一座水晶宫一样耀眼。这盏漂亮的水晶灯是陈先生跑遍了整个城市的灯饰城买来的，成为陈先生整个家装最大的亮点。

晚上，一家人正坐在明亮宽敞的客厅里看电视，陈先生的爱人端着一盘水果走向茶几。突然，水晶吊灯从天而降，正落在陈先生爱人的左肩膀上。陈先生爱人"啊"的一声大叫，手中的水果盘洒落在地，再看地面上，漂亮的水晶灯破碎成一堆，而陈先生爱人的胳膊也被划伤了……

一家人被眼前的景象吓呆了。那么庞大、华丽的水晶吊灯怎么突然掉了下来呢?

## 错误分析

这起可怕的事故是因为吊灯没有固定好造成的。施工工人直接将水晶吊灯安在吊灯龙骨上，而没有专门从顶棚设置支架。这样一来，由于龙骨是装修时后打上去的支架，承重物能力有限，加上陈先生买的是一个大而华丽的水晶吊灯，其重量远远超出了龙骨所能承载的限度，结果灾难就从天而降了。

在装修中，人们往往认为安装灯具是很简单的事，多数把它看成是装修的收尾工程，等到收工时，让施工人员接好电线挂上去就行了，有的户主甚至自己拉线安装吊灯。然而，让他们没想到的是，这样直接安装好的吊灯竟成为头顶上的一颗不定时炸弹。尤其是在客厅，人们通常喜欢挂一个大型的吊灯，使用玻璃、水晶等材质，造型复杂多变，再加上有许多其他容易破碎的材质，虽然外观看上去豪华艳丽，很上档次，殊不知却存在着很大的安全隐患。因为整个灯具的重量是相当大的，如果只是随意地挂在吊灯的龙骨上，而没有设置专门的支架，吊灯就很容易坠落下来。

## 预防措施

1. 如果房子的面积不是特别的大，最好不要选择水晶类的容易破碎的大吊灯，可以挑选一些木制骨架或者灯面是仿羊皮的灯具，虽然不及水晶吊灯华丽，但别有一番情调，而且重量轻，即使掉下来，也不容易产生大量的碎片伤害到人。

2. 在安装吊灯时，不管是什么样的质地，一定要让施工人员从房屋顶棚做好灯具支架，将灯具直接固定在屋顶。尤其是重量大于3kg的大型灯具是不能直接挂在龙骨上的，否则很容易发生坠落的危险。

3. 卫生间里的吸顶灯不仅要选择轻便的，还要选择带有防水功能的。如果是轻便的吸顶灯可以直接安装在铝扣板龙骨上。但如果是造型复杂的灯具同样不能直接挂在铝扣板的龙骨上。此外，因为卫生间环境潮湿，且又不常通风，所以灯泡会有突然碎裂的危险性，最好定期更换灯泡。

4. 在装修设计中，如果准备安装壁灯，墙面最好不要使用易燃的装饰材料，如壁纸，否则，如果壁灯开的时间过长，墙面会发生局部变色，甚至会引起墙面起火。最好选择有较长拉杆、伸出墙面的壁灯，或者有灯罩保护的壁灯。同时，在安装壁灯时一定要与墙面保持一定的距离。

5. 餐厅里安装吊灯时，吊灯不要吊在餐厅的中间，以免餐灯不在餐桌的正中间。除吊灯外，餐厅还应有其他光源，一是大多数吊灯的亮度都不够，二是安装几个壁灯或者台灯，还可以在一些特殊的节日调节用餐氛围。多备几个小型的台灯，一方面可以避免受到光的刺激，另外还可以省下不少的电。尤其是卧室，最好装有两用灯，或者安装一个光线模糊昏暗的壁灯，这样，在睡觉前的半个小时使用，有助于培养睡觉的气氛，进入良好的睡眠状态。

## 8 原设施是否继续使用的判断标准

如果所购二手房带有灯具，业主可以根据以下标准判断是否继续使用：

1. 看安全性。如果安装的是大型重量感的灯具，要向原房主确认灯具的安装过程。如果确认是固定在屋顶上，可以继续使用；如果直接挂在龙骨上或接在电线上，抑或原房主对此的回答模棱两可，一定要卸下灯具重新安装。或者直接更换新的灯具。

2. 看品牌。如果是品牌灯具，且保养良好，可以继续使用；如果是不知名的产品，建议更换新的优质灯具。

3. 看保养。检查灯具的罩面有无损坏，如玻璃罩面有无发黑变色，皮质罩面有无破损，螺钉有无松动等，如果有，建议更换新的灯具。

4. 看美观程度。如果灯具的外观造型比较老旧，且与装修风格不符，建议更换新的灯具。

**照明灯具品牌推荐**

1.飞利浦照明——飞利浦（中国）投资有限公司
2. 欧普照明——中山市欧普照明股份有限公司
3. 雷士照明——惠州雷士光电科技有限公司
4. 松下Panasonic照明——日本松下电器(中国)有限公司
5. 阳光照明——浙江阳光集团股份有限公司
6. 欧司朗OSRAM照明——欧司朗（中国）照明有限公司
7. 华艺照明——华艺灯饰照明股份有限公司
8. 三雄·极光照明——广东东松三雄电器有限公司
9. FSL佛山照明——佛山电器照明股份有限公司
10. TCL照明——TCL集团股份有限公司

## 15. 大面积使用玻璃墙　碎裂伤人

**错误档案**

关键词：玻璃材料　易破碎
是否必须重新装修：必须，应用大面积玻璃要选好材质并加强固定
常犯错误：易碎玻璃　选材不当　没有防范措施　固定性差

### 典型案例

小王购买的二手房面积不大，$60m^2$，小两室一厅，只有主卧向阳。装修时，考虑到客厅的光线是要通过主卧室的，因此，小王在主卧与客厅之间设计了一面

大玻璃墙作为隔断。明亮的玻璃墙，既隔开了客厅和卧室，同时又不挡客厅光线，增强了整个房间的通透性，夫妇俩对此很满意。

一天夜里，突然“哗啦”一声巨响，小王妻子睡梦中被惊醒，开灯一看，只见小王呆站在卧室门口，客厅和卧室之间的那面大玻璃墙没有了，满地都是碎玻璃。原来，小王夜里起来上卫生间，由于黑暗里看不清那面玻璃，结果撞在了玻璃上……

## 错误分析

玻璃越来越多地成为家庭装修中常用的材料（图4-1），它具有透光、透视、隔音、隔热等特殊性能，多用在门窗及需要提高采光度的墙面中。除此之外，人们还大量地使用玻璃做室内的隔断和装饰造型。然而，人们只是看到了它好的一面，却忽略了它存在的危害，那就是容易破碎伤人。

图4-1　高大宽敞的玻璃门

通常用于装饰的玻璃有多种，如普通玻璃、钢化玻璃与压花玻璃等。普通玻璃遇到磕碰容易碎裂，如果用来做室内隔断，住户一旦不小心撞到，或者是忘记了有玻璃隔断想直接穿过时，稍用力都会撞碎它，致使皮肤被划伤。尤其是家里有小孩时，在来回的玩耍中都有可能撞到玻璃隔断，造成伤害。本案例中小王就是因为误撞了大面积的普通玻璃隔断，才造成玻璃破碎伤及自身。

## 预防措施

1. 做室内隔断、各种造型最好选择优质的钢化玻璃。钢化玻璃又称强化玻璃，经特殊工艺加工而成，抗冲击和抗高温能力都很强，即使遭受的冲击超过其承受能力也会先出现网状裂纹，然后逐渐碎成小的钝性颗粒，不至于伤人。选择钢化玻璃做隔断时，厚度要在10mm以上，大面积使用玻璃隔断时厚度要在12mm以上。

2. 做玻璃隔断时，应首选磨砂或带有彩色图案的玻璃，如果选用了透明玻

璃，最好安装一个明显的小挂件，提醒家人注意别撞上去。使用玻璃造型时，一定要放置到安全地点，避免家人的磕碰。如果家里有小孩，最好放置到高处，以免孩子在玩耍时碰碎，造成意外伤害。

3. 最好安装有框玻璃，它比无框玻璃坚固安全。如果为了美观采用无框玻璃，玻璃的厚度要相应增加。

4. 用玻璃做分隔墙时，玻璃的边缘不要与硬性材料直接接触。玻璃嵌入墙体、地面或顶部的槽口深度要深，不能过浅，一定要让施工人员规范施工，保证日后使用安全。

5. 如果装修费用足够，可以选择新型的夹胶玻璃，它是用胶将两块玻璃粘接在一起，增加了玻璃的结实程度，破碎后因为有胶的粘接不会四分五裂，因此，安全系数更高。

## 16. 装修现场没有灭火器　导致火灾

**错误档案**

关键词：施工现场　灭火器

是否必须重新装修：必须，安全防范

常犯错误：装修现场没有放置灭火器　火灾

### 典型案例

林林买的是二手房，过户后就立即着手进行装修。装修工人陆续进驻场地，一拨接着一拨。有时，前一批工人还没有完工，后一批工人就浩浩荡荡地开了进来，装修场面浩大，热闹非凡。这天，林林接到装修工人打来的电话，对方急匆匆地说新家着了火。林林一听吓坏了，匆匆地赶到新家，一眼就看到自己家向外冒着浓烟。完了，这下可完了。等到消防队赶来扑灭了火，房间里正在安装以及还没来得及安装的材料全被烧毁了，新家变得面目全非。



消防队调查了事故的起因，原来是工人们抽剩的烟头没有掐灭，正好点着了房间里易燃的材料，刹那间大火就烧了起来。而房间里除了易燃的装饰材料外，没有任何灭火的器具。尤其是没有配备灭火器（图4-2），工人们只能看着大火烧掉了装修用的所有材料。

清楚了起火的原因，林林为自己一时大意没有配备灭火器而后悔不已。

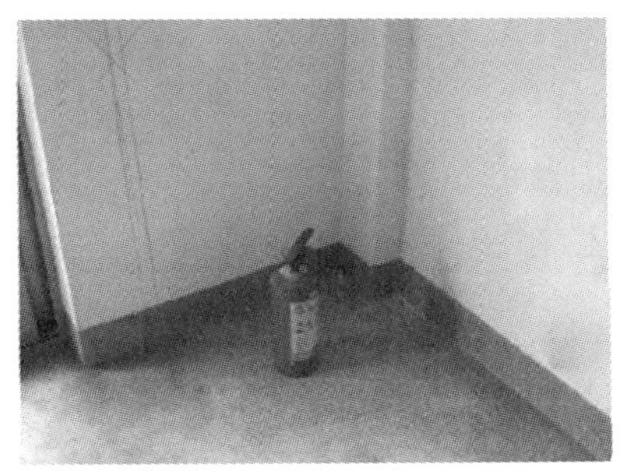

图4-2　装修现场一定要备有灭火器



## 错误分析

装修时发生火灾的概率很大，因为房间堆集着许多装修时用的易燃材料，再加上施工人员的防火意识不强，有时一个烟头，甚至是木工锯木头时打出的一个火星都有可能引起易燃材料起火。如果没有配备灭火器，就只能看着火着起来，最后造成重大的损失。

因此，装修中切不可小看灭火器，防火意识一定要加强。只需要几十、几百元就可以杜绝隐患，如果林林提前备一个灭火器在装修现场，一旦火着起来，施工人员也可以在“星星之火”时就将其扑灭。

此外，不只是装修过程中，在装修完后，一般家庭也要备有灭火器。生活中，烧水忘记了关火，有漏电现象，或者是家人抽烟等都有可能引起火灾，这时，如果家里备有灭火器，就可以轻松地消灭掉火源。或者可以延缓火势发展。据统计，绝大部分的民宅火灾被发现时都是“星星之火”，然而，因为很多家庭没有配备灭火器，当消防人员赶到时往往变成了“燎原大火”，损失巨大。

## 预防措施

1. 我国现行的《住宅室内装饰装修管理办法》第十一条规定：装饰装修企业从事住宅室内装饰装修活动，应当遵守施工安全操作规程，按照规定采取必要的安全防护和消防措施，不得擅自动用明火和进行焊接作业，保证作业人员和周围住房及财产的安全。

因此，如果发现装饰装修公司未带灭火器，业主一定要自备灭火器放在施工现场，以防万一。

2. 如果是装修后家庭中使用，可以购买小巧轻便的灭火器。目前，适合家庭使用的灭火器的种类越来越多，外观也越来越精巧漂亮，比如有花瓶式或台灯式自动灭火器，平日里摆放在客厅里当花瓶或者是台灯用，谁都不会以为是灭火器，而在关键时刻可以冲锋陷阵灭火消灾！

3. 选择装修材料时，尽量少用易燃的装饰材料。

4. 如果家庭中有易燃品，一定要分散开来放置。

## 17. 燃气热水器安装错误　引起爆炸

**错误档案**

关键词：燃气热水器　安装　爆炸

是否必须重新装修：不是必须，视情况而定

常犯错误：安装有误　通风不好

### 典型案例

小张购买的是一套建了两年的二手房，重装时因卫生间狭小，小张拆除了原有的电热水器，在厨房里安装了一台燃气热水器。它既不会像太阳能热水器一样在雷雨天气里有导电的可能，也不用担心像电热水器一样发生漏电现象。它不受天气和时间的限制，随时都可以冲澡。小张觉得安全又好用。这天，小张下班回家后，像以往一样打开热水器冲凉。小张正享受着热水带来的舒适时，突然厨房里传来“嘭”的一声响，接着就是一阵哗啦的碎片撞击声，就像是在屋里点着了一个大炮仗。发生了什么事？小张推门一看，热水器炸成了一堆碎片，厨房里开始着起火来。小张急忙打119求救。可是他却不明白热水器为什么会发生爆炸。

### 错误分析

目前，热水器的种类有很多种，除了太阳能热水器、电热水器之外，燃气热水器也正受到广大家庭的喜爱。人们错误地认为燃气热水器比其他热水器要安全，却全然不知如果燃气热水器安装不当，照样会发生爆炸的危险。

小张安装的燃气热水器之所以爆炸，是因为小张把热水器的排气管直接安在通往厨房的烟道里了。热水器在燃烧时所排出的废气中含有一部分不完全燃烧的煤气，当这些不完全燃烧的气体充满整个烟道时，随着烟道温度的升高，这些气体就会产生爆炸。

因此，小张在安装热水器时应该把排气管直接伸出窗外，而不是错误地安在厨房的烟道里。

## 预防措施

1. 选购燃气热水器时，一定查看“三证”。①国家颁发的燃气热水器生产许可证。②“蓝火苗”认证——“蓝火苗”产品认证是国家认证认可监督管理委员会继3C认证以来的又一创举。于2003年8月正式开展的燃气具产品（家用燃气热水器,家用燃气灶具）认证。③国家级燃气具检测中心的产品检测报告或地方准销证。

2. 必须由经过专门训练并获得合格证的专业人员严格按“使用说明书”的要求安装，也可由当地天然气公司或煤气公司统一安装，严禁使用者私自安装。安装热水器的房间不能太小，最好有进风口或排气扇，严禁将热水器安装在浴室、卧室、过道里使用。热水器应安装在坚固耐火的墙面上。如果是在非耐火的墙面上安装，应在热水器的后背衬垫隔热耐火材料，厚度不小于6mm。

3. 把热水器安装在厨房靠近窗户的地方（图4–3），这样既能保持良好的通风，又便于在窗户上打孔使热水器的排气管伸出窗外排气。排风孔最好在贴瓷砖或勾缝前打好，以免打孔时弄脏已贴好的瓷砖和勾缝剂。安装好热水器后，要用肥皂水检查气源口处是否漏气，确认无漏气后才能正常使用。燃气热水器的点火过程是通过电池来完成的，长期不用时要将

图4–3 燃气热水器靠近窗户安装

电池取出。

4. 给热水器一个独立的空间，方便检修，也不容易发生碰撞。燃气热水器最好远离木门、木窗等，也要远离厨房里的各种电器，如果厨房空间不大，有必要采取隔热措施。同时，热水器附近不要放置其他燃气用具或者易燃物品。

5. 如果决定在厨房安装燃气热水器，最好做一个百叶门的柜子来安放热水器，这样既美观，又有利于散热。

## 8 原设施是否继续使用的判断标准

如果所购二手房带有燃气热水器，业主可以根据以下标准判断是否继续使用：

1. 看使用年限。煤气和液化气的热水器一般使用年限为6年，天然气的燃气热水器一般使用年限为8~10年。确认一下原有热水器的使用年限，如果是临近或已超出使用年限要及时淘汰，更换新的。

2. 看品牌。如果是品牌产品，且保养良好，可以继续使用；如果是不知名产品，不论保养如何，为了家人的安全，建议更换掉。

3. 看保养。请该热水器的品牌售后或维修人员上门进行检测，如果热水器保养良好，可以放心使用；反之，如果检查中发现该热水器部件老化，或者需要更换一些配件，建议更换配件或更换新的热水器。

### 燃气热水器品牌推荐

1. 林内燃气热水器 ——中国上海设有上海林内有限公司
2. 能率燃气热水器——能率（中国）投资有限公司
3. 前锋燃气热水器——成都前锋电子电器集团股份有限公司
4. 樱花燃气热水器——樱花卫厨(中国)有限公司
5. 阿里斯顿燃气热水器——阿里斯顿电器（中国）有限公司
6. A.O.史密斯燃气热水器——美国A.O.史密斯公司
7. 海尔燃气热水器——中国青岛海尔集团有限公司
8. 美的燃气热水器——广东佛山美的集团有限公司
9. 万和燃气热水器——广东万和集团有限公司
10. 万家乐燃气热水器 ——广东万家乐燃气具有限公司

## 18. 私自改动煤气管道 导致煤气中毒



**错误档案**

关键词：私改 煤气管道 煤气泄漏

是否必须重新装修：必须，煤气泄漏后果严重

常犯错误：私改管道 设置不规范 材料不防火

### 典型案例

李女士购买的二手房已有年头，装修破旧，尤其是厨房，不论是设计上还是使用的家电都是过去式。重装时，李女士彻底改变了厨房的格局，重新选定了燃气灶的位置。由于原有的煤气管道太短，李女士就让改水改电的工人顺便把煤气管道也接长了一些。厨房装修得美观大方实用，下厨也变成了一种享受。可搬进新居后，李女士就老是闻着厨房里有着淡淡的煤气味儿。李女士以为是新厨房的缘故，也就没在意。两个月后，李女士一家因煤气中毒住院。

### 错误分析

李女士家煤气管道漏气是因为在加长原有的管道时，只是简单地用橡胶管处理，结果橡胶管长时间受电器烘烤软化后发生了渗漏。

安全的煤气管道是采用镀锌管明管铺设，许多房主在私自改造煤气管道时，往往使用铝塑管代替镀锌管，这是错误的，因为铝塑管的连接不如镀锌管螺扣严密，很容易发生漏气，严重时会造成煤气中毒事故。

### 预防措施

1. 自2002年5月1日起实行的《住宅室内装饰装修管理办法》第六条明确指出，装修人从事住宅室内装饰装修活动，未经批准不得拆改燃气管道和设施。

《城镇燃气管理条例》第二十八条规定不得:“擅自安装、改装、拆除户内燃气设施和燃气计量装置。”

2. 装修中，如果需要移动煤气管道和煤气表位置，一定要让煤气公司的专业人员施工，千万不要让装修工人动手。煤气管的卡口要封闭掩蔽，否则容易发生危险。改造后要检测压力是否正常，有无漏气。煤气管道严禁封堵在密闭柜体内，更不能将煤气总阀门包在木制地柜中，要保持通风。

3. 如果使用的是瓶装煤气，钢瓶、减压器、角阀、胶管等器件都必须是合格产品，用户不要自己装配、拆修。煤气瓶要竖立摆放在通风良好的地方，煤气瓶与灶具之间相隔50cm以上。煤气瓶的周围不要摆满杂物，也不要把煤气瓶半固定在橱柜中，以便发生紧急情况时，能迅速关掉角阀，搬走煤气瓶。经常检查煤气瓶、管道是否漏气。闻到煤气臭味，要立即关掉角阀或管道开关，然后打开门窗通风。

4. 装修时不要将煤气管道埋入墙内，防止日后维修时有诸多不便。煤气管线与电力管线水平距离不得小于10cm，电线与煤气管交叉净距不小于3cm。

5. 放置煤气灶的柜台要用防火材料，切忌将煤气灶直接放于木制地柜上，否则一旦地柜起火，后果不堪设想。

## 19. 安装施工错误　导致窗帘杆坠落

**错误档案**

关键词：窗帘杆　坠落

是否必须重新装修：不是必须，视情况而定

常犯错误：窗帘杆安装不牢固

### 典型案例

窗帘杆安装好后，罗女士兴冲冲地把自己精心挑选的窗帘挂了上去，窗帘共有两层，里层是白色纱帘，外层是纯棉布帘。可是，入住半年后，罗女士每每拉动窗帘，总感觉窗帘杆晃晃悠悠的像要掉下来。再过一段时间，窗帘杆很明显地一头高一头低，罗女士找人固定了几次，可过不了几天就还是老样子了。最后，罗女士只好用绳子把窗帘杆拴在暖气管道上（图4-4），防止窗帘杆突然坠地。

图4-4 用绳子固定的窗帘杆

## 错误分析

在现代建筑中，带有窗户的墙壁通常内置保温层，承重能力比较差，因此，窗帘杆通常是在较厚的保温层内墙上安装。而施工人员为了省事，通常会把窗帘杆简单地固定在保温墙的石膏板上，再加上业主喜欢挂厚重下垂的窗帘，时间久了，窗帘杆自然会不堪窗帘的重负，变得松动，严重时窗帘杆会坠落下来。

## 预防措施

1. 安装窗帘杆时一定要按照正确的施工方式来做。如果需要挂窗帘的外墙保温层较厚，安装窗帘杆时须在墙里嵌一块小木方，再将窗帘杆固定在木方上，使得窗帘杆与墙体接触牢固可靠，确保窗帘杆不松动坠落。

2. 安装窗帘杆时，卧室和客厅的室内净高最好高于2.4m，避免产生压缩视觉的感觉。窗帘杆的宽度一般要宽出窗框20~30cm。此外，可以挑选有良好垂度的布料如丝质或纱质一类，这类材质的面料有挑高的效果，可以有效弥补房屋高度的不足。窗帘的下沿应低于窗台10cm以上，落地窗窗帘距地面的距离一般在3cm左右。

3. 选用合适的窗帘杆材质。窗帘杆的材质主要是金属和木质两种，材质不同，所搭配的窗帘也不一样，如铁艺杆头的窗帘杆，搭配丝质或纱质窗帘，用在卧室中有刚柔反差强烈的对比美；而木质雕琢杆头，给人以温润的饱满感，窗帘选择的范围较广，适用于各种功能的居室。

### 原设施是否继续使用的判断标准

如果所购二手房带有窗帘杆，业主可以根据以下标准判断是否继续使用：

1. 看材质。如果原有窗帘杆材质高档，且保养良好，没有出现松动等情况，可以继续使用；反之，则要更换新的。

2. 看改造性价比。窗帘杆的造价虽不高，但单独施工时也比较麻烦，业主在权衡利弊后自行决定是否要更换掉。

## 20. 电路没有接地保护　导致漏电伤人

**错误档案**

关键词：接地保护

是否必须重新装修：必须，一旦触电，危及性命

常犯错误：电路没有接地保护

### 典型案例

老刘前段时间从朋友手里买了一套二手房，热情的朋友还留了好多家具。老刘一家简单整理了一下就住了进来。周末，老刘正在客厅看报纸，突然听到妻子在洗手间大叫了一声。老刘急忙放下报纸过去查看，却听妻子大喊："别过来！关掉电闸！"老刘急忙去关了电闸。原来，老刘妻子在洗衣服时无意中触碰到洗衣机的金属壳，竟然被电了一下。老刘找来物业的电工师傅进行检测，查明是电线破损导致漏电，细究原因竟然是这老房子中所有电线都没有做接地保护。庆幸的是这次漏电还不是很严重，老刘及时关了电闸，没有引起严重的安全事故。

### 错误分析

接地保护是为了防止人身触电事故、保障电气设备安全运行的一项安全保护

措施，将正常情况下不带电，而在绝缘保护材料损坏后可能会带点的金属电器用导线与接地体联系在一起的保护性接电方式。在对二手房的电路进行检查的时候，要检查一下开关插座有没有接地保护。一些时间比较久的老房子大都没有进行接地保护，为了家人的用电安全，在进行电路改造的时候要进行接地保护，以免漏电引起触电。

### 预防措施

家庭用电一定要注意安全，做到防微杜渐，不容一丝疏忽。在二手房入住前更是要全面检查电路安全，二手房的插座一般只有两个孔，没有接地保护，这不符合用电标准，必须更换。

1. 检查是否接地线的简单方法：将家里的零线断开，把灯泡接零线的一端接在接地线上，如果灯泡亮度不变，那么证明接地保护良好。由于这种操作存在危险性，应找专业人员用专业仪表进行测试。

2. 接地保护设置：一种方法是更换或配置总电源箱，在电源箱处进行接地设置;另一种方法是设置接地线，但是一定要找物业的用电管理人员协商接地线的安装位置和连接方法，千万不要自作主张地设置接地线。

3. 还有一种常见现象，就是业主把零线搭在水管上，用接零来替代接地保护。这是不正确的做法而且会造成严重的安全隐患，虽然接零保护也有一定的保护作用，但与接地保护还是有很大的不同。一旦零线掉落，将引发非常严重的触电事故。

## 21. 电线老化险致火灾

**错误档案**

关键词：电线　老化

是否必须重新装修：必须，危及人身安全

常犯错误：老化电线未更换

## 典型案例

李先生家新搬进了一栋二手房，是儿子所在学校旁边的学区房。考虑到这儿只是暂住房，儿了考上高中还要搬回原有住处，李先生未加装修，简单收拾了一下便住了进来。因为房子年头有点久，老化的电线没有处理，厨房和厕所还有很多明线暴露在外，夫妻俩用电自是很小心，也绝不让儿子接触家电。这天夫妻二人外出有事，只留下儿子独自在家。中午时分，孩子见父母没赶回来就去厨房煮方便面吃，在插上电水壶的时候发现厨房上方的一根电线冒火花，他还以为自己眼花，又拔下插头重新插了一次，发现还是冒火花。孩子立马拔下插头，并关闭了家中的所有电源。李先生回到家听儿子讲述了事情的经过，急忙检查了家中的线路，发现是电线外层的绝缘塑料破损后露出来的铜线与空气摩擦引起的火花。好在儿子及时发现并关闭电源，才没有引发火灾。最后为了家人安全，李先生还是决定整体更换一下老旧线路。

## 错误分析

在接收二手房的时候，很多业主没有对房子进行仔细检查就确定装修方案或者匆忙入住。尤其是电路水路，二手房中会存在很多隐性问题，必须进行详细检查。业主应尽早检查房屋线路的老化情况，并确定是否需要改造。老化的电路不仅存在安全隐患，也会给新生活带来诸多不便。

## 预防措施

在二手房装修前一定要细致地检查房子的电路设备，看一下电路的配件质量，回路配置，电线的锈蚀老化等情况。随着房子的使用损耗，电线老化是不可避免的事情，年头越久的房子老化就越严重。

1. 有一些二手房的电线用的还是铝线，已经不符合现在国家规定的电线标准，一定要更换成符合现在国家标准要求的铜线。

2. 针对房子的具体装修进行具体的配线。老房子回路都比较简单，有条件的情况下可以重新铺设线路，按照新房标准要求设置回路。

3. 在线路进行重新改造时，电线全部套上PVC管，在墙内开槽，进行埋墙设置，这样既美观又安全，解除了后顾之忧。



## 22. 阳台改装不当 造成安全隐患

**错误档案**

关键词：阳台改装

是否必须重新装修：必须，危及人身安全和楼房安全

常犯错误：阳台改装不当

### 典型案例

小韩夫妇买了一套顶层楼房，为了追求泡着澡看星空的梦幻场景，装修时，夫妻二人决定把阳台改为卫生间，安装了一个大浴缸。经过改水防水的一番周折，梦幻卫生间终于装修好了，如愿实现了浪漫泡澡的愿望。可是好景不长，楼下的邻居就找上门来。原来，邻居家最近也在装修，改造阳台的时候发现顶部钢筋有变弯的趋势，觉得太不安全了。小韩去楼下邻居家一看大吃一惊，钢筋确实开始弯曲，楼层之间布满了水管，想想有一天自己正泡着澡呢阳台突然坍塌，真是件恐怖的事情。小韩夫妇只能忍痛给卫生间搬了家，把阳台改了回来。

### 错误分析

很多二手房会带有2个以上阳台，可能一南一北。很多朋友在装修的时候常将阳台改装做其他用途，例如储物间、厨房、卫生间等。改造阳台充分利用空间是可以的，但是不能随心所欲地改造，一定要符合装修规范。如果改造不慎，可能给自己带来麻烦和安全隐患。阳台不是室内地面，在设计上有一定的承重限制。国家执行的阳台承重力标准是250kg/$m^2$，也就是说阳台使用不可超过这个承重限制，否则会引起坍塌等事故。

## 预防措施

1. 阳台改装要注意阳台自身的承重限制，国家规定的阳台承重限制是250kg/m$^2$，具体到每一栋楼可能稍有不同，装修前一定要了解阳台的承重限制，只可在承重范围内进行实用改造。厨房和卫生间最好都不要装在阳台上，很多家庭会把空置的阳台做储藏室，这要注意不可放入太沉太多的东西，避免超过阳台的负重。

2. 阳台装修一定要注意防水，尤其是阳台外侧的防水，对二手房来说更是重中之重。一般新楼盘完工时都处理好了这个问题，而一些老旧的二手房往往没有考虑这个问题。下雨时，雨水会渗到屋内，因此，重新装修时要检查阳台有无防水，如没有那就要给阳台外侧做防水。此外，老式结构的楼房，其窗户下口也容易渗水，可以在窗框下预留2cm空隙，之后用专用密封剂或者水泥填死。阳台外侧带有窗台的，要做成流水坡式，使雨水能自然流下。

3. 阳台封装，要把好质量关。阳台封装要从它的抗风力、牢固程度多方面进行考量。最主要的当然还是密封性，如果漏风等于做白工。还要注意封阳台时不要为了扩大空间而将阳台向外延伸出一截，这是非常不可取的，既危险又不美观，也是物业管理部门不允许的。

4. 配重墙坚决不要动。装修时除了承重墙是万万不能动的，还有许多和承重墙一起构成建筑结构的配重墙也不可以动，如用来分割阳台和居室之间的半墙窗户。对于阳台的窗户和门，业主可以按自己的喜好装饰，半墙一定不要拆，它起到了支撑阳台的作用，拆除势必会影响阳台的安全性。

5. 阳台接水管要做好防水和排水。许多家庭会在阳台上接水管，放置洗衣机，方便洗衣服和晾晒衣物。如果打算在阳台用水，就一定要做好阳台地面的防水层和排水系统。若是排水、防水处理不好，将会带来阳台积水和楼下漏水的麻烦。

# 第五章　哪些失误让人疾病连连

装修污染不可避免、无处不在，本章就主要分析装修中的污染问题以及对人身体健康的影响。装修中有哪些材料需要高度重视、哪些材料一直被人忽视，本章就将为您揭晓答案，并提供有效的防范措施，帮您有效避开装修中的污染源。

## 23. 儿童房过度装修　引起白血病

**错误档案**

关键词：装修过度　室内污染

是否必须重新装修：不是必须，视具体情况而定

常犯错误：儿童房装修使用过多的材料　有毒气体排放

### 典型案例

女儿两岁时，赵先生终于全款购买了一套90$m^2$的二手房。重装时，他精心设计了女儿的小房间，为女儿打造了一个色彩缤纷的儿童世界。然而，令赵先生没想到的是，入住新居一年后，三岁的女儿突然生了病，持续高烧、咳嗽，经医院诊断为急性白血病。张先生夫妇对此怎么也想不明白，孩子一直很健康，怎么会突然得上绝症呢？经过详细地调查检测，医生终于找到了罪魁祸首，原来张先生的新房在装修后一年内空气中的甲醛含量一直为每立方米0.39mg，超过国家标准4倍，造成女儿甲醛中毒引发白血病。

### 错误分析

年轻父母太想把儿童房布置成童话世界，却忽视了室内污染。由于儿童房一般比较小，又兼卧室、书房、活动室等多功能于一体，本身使用的材料就

多，家具也多，容易造成材料释放有害物质增多，在此基础上，家长还都愿意在儿童房的装修设计上做“加法”，导致空间承载量大大高于其他房间，造成室内环境污染。而装修材料中的有害物质可能是小儿白血病的一个诱因，因为甲醛和苯乙烯都是国际卫生组织确认的致癌物，苯可以引起白血病和再生障碍性贫血也被医学界公认。北京儿童医院曾统计，就诊的城市白血病患儿中，有九成以上的患儿家庭在半年内装修过。深圳儿童医院也曾对新增加的白血病患儿进行了家庭居住环境调查，发现90%的小患者家中在半年之内都曾经装修过。

此外，一些家中装修过的孩子无缘无故出现的头晕、恶心、四肢无力、咽喉肿痛、皮肤过敏等症状也与室内环境污染有关。室内空气污染超标率高的主要原因在于装修和装饰材料的污染，如各种木工板、人造板材制成的家具、内墙涂料、胶粘剂、壁纸、地毯、沙发和窗帘等所含甲醛、苯系物的释放。

## 预防措施

1. 儿童房的装修要保证科学、环保、无污染，选用优质的装修材料。值得注意的是，目前市场上的各种装饰材料都会释放出一些有害气体，即使是符合国家室内装饰装修材料有害物质限量标准的材料，在一定量的室内空间中也会造成有害物质超标的情况。因此，在选料装修时，首先要考虑房屋空间的材料的承载量，如地面铺什么材料，墙面是刷漆还是贴壁纸，家具体积的大小和选用材料等问题。儿童房装修时尽量使用简单的装饰材料。

2. 儿童房的装修宜简不宜繁。儿童房装修时，尽量要用减法，如不打地台、不铺地毯、不做吊顶、少用有颜色的油漆和涂料；家具体积不超过房间的50%；人造板家具注意严格封边和全部用双面板；房间的窗帘、布艺家具、布制玩具不能过多等。防止各种污染物在室内空气中累加，造成室内污染物质的超标。此外，儿童的衣物放在新衣柜时要进行封闭包装。

3. 装修完后，一定要请室内空气质量检测机构做检测，了解室内空气中有害气体的超标程度，以便采取相应的治理措施。根据《住宅室内装饰装修管理办法》第二十九条规定：装修人委托企业对住宅室内进行装饰装修的，装饰装修工程竣工后，空气质量应当符合国家有关标准。装修人可以委托有资格的检测单位对空气质量进行检测。检测不合格的，装饰装修企业应当返工，并由责任人承担相应损失。因此，装修结束后，如果对室内空气质量存在疑问，可以请相关的检测单位进行检测。

4. 装修完一定要进行通风处理，严禁装修完毕就入住。入住后，要对室内空气进行净化处理，可以购买一些能消除有害物质的仪器、设备，如用空气净化器来减少装修污染降低伤害。在室内摆放一些吊兰、芦荟、常春藤等能吸收有毒气体的花卉，会降低室内有害气体的浓度。

### 原设施是否继续使用的判断标准

如果所购二手房带有已装修好的儿童房，业主可以根据以下标准判断是否继续使用：

1. 看装修质量。如果儿童房内的装修材料使用的都是绿色环保的合格材料，甚至是品牌产品，包括各种板材、漆料、家具等，且保养较好，没有出现各种划痕印迹等，可以继续使用。

2. 看安全性及美观程度。如果原有儿童房装修设计、风格等适合小朋友的成长，不存在安全隐患，深得业主家小朋友的喜欢，可以继续使用。

3. 只要原有装修不是破坏太大，从环保角度看，建议业主使用原装修。因为原有装修材料经过几年的通风其所含的有害物质基本挥发殆尽，不会引起孩子的不适、危及生命健康。

## 24. 大理石选材不当　导致放射性污染

**错误档案**

关键词：大理石　放射性污染

是否必须重新装修：不是必须，视情况而定

常犯错误：不了解大理石的放射性　选购了放射性强的大理石

## 典型案例

自家的房子重新装修时，张女士选购了4块漂亮的大理石用做洗手盆和橱柜台面。入住不到半年，张女士一家人就开始不间断地咳嗽，多次治疗多次复发。期间，张女士开始大把大把地掉头发。于是，一家人赶紧去医院检查，在得知他们住在刚装修完的新居时，医生建议她们检测一下室内污染。环境监测站专家经过检测得出的结论是，张女士家所用的大理石中含有的氡、汞严重超标。

## 错误分析

目前，越来越多的人把大理石用在了家庭装饰中。然而，多数人对大理石的放射性却不甚了解。结果错误地选用了放射性强的大理石，造成室内污染，影响了家人健康。

大理石按辐射程度的强弱分为如下三个级别：

A级，该类大理石辐射较小，不会对人体造成影响，可以在室内使用。

B级，该类大理石对人体健康有一定的影响，只能用在大厅、走廊等室内公共场所。

C级，该类大理石对人体有严重危害，只能用在户外的道路和广场，绝对不能用于室内空间。

## 预防措施

1. 大理石分为天然石和人造石两种。天然大理石的放射性很低，家装中合理使用可以避免污染。而人造大理石除了放射性外还富含有害气体，这是因为人造大理石是用天然大理石或花岗岩碎石为填充料，用水泥、石膏和不饱和聚酯树脂为胶粘剂，经搅拌成型、研磨和抛光后制成，因此，其放射性高低取决于花岗岩填料、本身的放射性以及水泥石膏的放射性，而有害气体则主要取决于黏结剂中所含甲醛和苯等挥发性物质的多少。

2. 购买大理石时要注意以下几点：

（1）到正规的商家去购买，如果是购买人造大理石，一定要厂家出具相关的检测报告，确保所购买的人造大理石质量可靠。

（2）选择颜色浅的大理石（图5–1），放射线污染会相对弱一些。在使用前最好能到正规的检测机构做一下检测，以便放心使用。

图5–1 浅色大理石台面

（3）巧妙鉴别天然和人造大理石：滴上几滴稀盐酸，天然大理石有剧烈的起泡现象，人造大理石则起泡弱甚至不起泡。鉴别好坏：用手轻敲，结构疏松的大理石声音低哑，质量上乘的大理石敲起来则声音清脆。

3. 单块大理石只对室内空气造成零星污染，但数块大理石装在不同的房间，就造成了污染“集零成整”，危害健康，因此，在选用大理石装饰时，一定要查阅专业资料或者咨询专家，做到限量使用，避免大理石污染。

4. 装修后以及居住后的两三年时间里，一定要多通风或者购置空气净化器、负离子发生器等，也可以在室内摆放一些花卉，如文竹、兰草、巴西木、仙人掌、仙人球等植物，以净化空气，减少室内污染。

## 8 原设施是否继续使用的判断标准

如果所购二手房带有大理石台面，业主可以根据以下标准判断是否继续使用：

1. 看保养。查看台面有无出现裂缝、起拱或彻底断裂的现象，如果有，建议更换新的台面。

2. 看美观程度。主要是看台面的颜色是否符合室内装修，业主可自行决定。

3. 从环保角度看，如果台面保养不错，提倡使用旧的。因为旧台面在经过几年的使用后，其所含的有害气体（物质）已经大部分或全部挥发掉，对人体危害减少，有利于家人的健康。

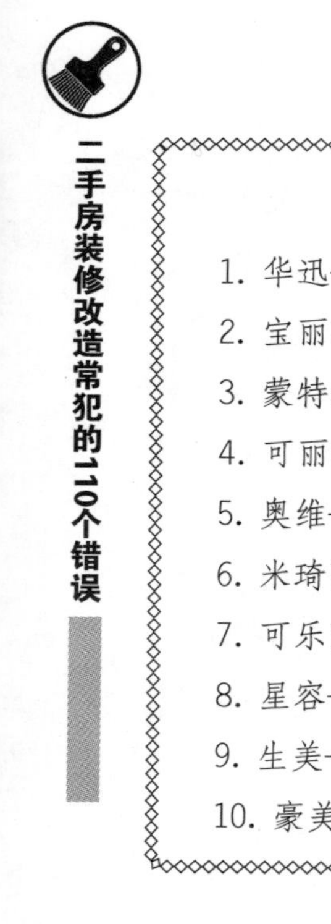


**大理石品牌推荐**

1. 华迅——广州华迅实业有限公司
2. 宝丽石——珠海宝丽石建材科技有限公司
3. 蒙特利——蒙特利（中国）建材有限公司
4. 可丽耐——美国杜邦公司
5. 奥维——广州市奥维装饰材料有限公司
6. 米琦丽——广州热浪有限公司
7. 可乐丽——日本可乐丽化学公司
8. 星容——三星集团
9. 生美——广州市生美装饰资料有限公司
10. 豪美斯——LG公司

## 25. 房间装饰太明亮　引来光污染

**错误档案**

关键词：光反射　光污染

是否必须重新装修：必须，对视觉的伤害不可逆转

常犯错误：房间装饰过亮　反射系数过高

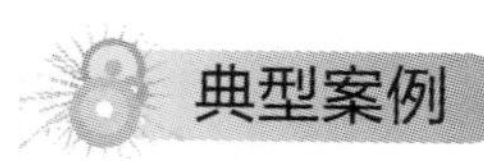

### 典型案例

马先生家装修得很漂亮，地面铺着亮光浅色瓷砖，客厅里吊着巨型的水晶灯。在白天，阳光透过落地玻璃窗照进客厅，地面就会金光流转。晚上打开水晶灯后，地面又会像一面大镜子将光线反射到客厅的各个角落。可是入住一段时间后，马先生发现女儿老是用手搓眼睛，开始时他以为是女儿学习累了。渐渐地，女儿开始不停地流泪。问到原因，女儿也说不清楚，就是想流泪，自己都控制

不住。于是，马先生带女儿去医院检查，医生经过详细地询问，终于找到了原因——孩子是在家里受到了光污染的伤害。

## 错误分析

目前，越来越多的室内装修采用镜面、瓷砖和白粉墙，人们在美化新居的同时无形中创造了一项新污染——光污染，这些装饰将光线直射或反射到人的眼睛，产生视觉疲劳，导致视觉功能降低，尤其是小孩子，孩子的视网膜发育还不完善，很容易受到危害。然而，很少有人认识到家装中光污染的严重性。科学测定：一般白粉墙的光反射系数为69%~80%，镜面玻璃的光反射系数为82%~88%，白瓷砖装修的光滑墙壁、地面光反射系数高达90%，这个数值大大超过人体所能承受的生理适应范围，造成严重的光污染。

## 预防措施

1. 地面铺贴瓷砖时最好选择亚光砖，书房和儿童房最好用地板代替地砖；灯光应做多项选择，尽量开小灯，以防灯光直射或通过反射影响眼睛。

2. 多运用点光源。点光源是指台灯、地灯发出的自然光源，它们的光束可以集中到物体表面，利用光影营造出柔和的照明效果，因此，可以在家中多摆几个地灯和台灯烘托气氛。

3. 卧室里要多配几种灯，如吸顶灯、台灯、落地灯、床头灯等，做到随意调整、混合使用，让卧室内变得光线柔和，利于休息。

4. 客厅如果选用明亮的吊灯或吸顶灯，同时地面又是亮光浅色瓷砖铺成，建议用壁灯、落地灯来代替室内中央的顶灯。壁灯宜用表面亮度低的漫射材料灯罩，减少地面瓷砖的反射，也就减小了光污染。

5. 书房照明应以明亮、柔和为原则，灯的亮度不宜太大。书桌上的台灯宜选用带反射罩、下部开口的直射台灯，光源的选择要以不刺眼为准。书橱内可装设一盏小射灯，这种照明不但可帮助辨别书名，还可以保持温度，防止书籍潮湿腐烂。

## 26. 大量使用油性漆　导致有害气体中毒

**错误档案**

关键词：油性漆　漆污染

是否必须重新装修：必须，油漆中有害物质的挥发是一个漫长的过程

常犯错误：大面积应用油性漆　有害气体中毒

### 典型案例

张先生家的重装进入了刷漆环节，为了加快速度，油漆工不停歇地干了整整两天。临近完工时，张先生赶到现场验收。当他进门后，却发现油漆工晕倒在地上。张先生急忙将几人送到医院。检查的结果竟然是中毒。医生告诉张先生导致中毒的是正在使用中的油漆。这些油漆会挥发有害气体，加上房间通风不好，工人又长时间地封闭在室内，因此才导致中毒。

### 错误分析

油漆分为水性漆（图5-2）和油性漆两种。水性漆以水为稀释剂，是一种安全无毒的环保漆。油性漆以硝基漆、聚酯漆为主，本身具有污染性，在稀释过程中又需要加入大量含有苯等有毒物质的有机溶剂，成为家装中重要的污染物。但是，由于水性漆刷在木漆表面时，漆膜不如油性漆丰满，硬度也较油性漆差，因此，多数消费者在选择油漆时，仍会选择油性漆，造成漆污染。

图5-2　水性漆

此外，质量合格的油性漆只是将有害物质控制到一定范围，并非完全无害。

因此，如果装修中大面积使用油性漆，也会造成污染。

## 预防措施

1. 装修中最好选择水性漆，尤其是在卧室、书房、客厅等停留时间较长的地方。目前市场上内外墙涂料、木器漆、金属漆都有各自相对应的水性漆，业主可以按需进行选购。

2. 挑选油漆时，要注意查看外包装上是否有明确的标签标识，包括产品名称、执行标准号、生产地、型号、规格、使用说明等。如果是知名品牌，一般还附有国家免检证书、名牌证书和中国驰名商标标志。购买木器漆时，要看是否符合标准GB 18581—2009。木器油漆是国家强制认证产品（3C标志），必须符合GB 18581—2009《室内装饰装修材料　溶剂型木器涂料中有害物质限量》。购买时可要求销售商提供有资质单位出具的合格的环保检测报告。

3. 购买成品家具以减少油漆污染，避免大面积地打家具增加油工的现场施工。如果需要现场做木家具，在刷油漆时，可以在家具外面容易磨损的部位使用油漆，内部看不到的部位刷水性漆，尤其是鞋柜、衣柜等通风较差的柜体，尽量使用水性漆。最后，加强油漆施工现场的安全管理：木料、涂料、油漆等不同材料要分散放置，不要混放在一起或一个房间；油漆等易燃材料要存放在通风处；在施工现场不能吸烟、扔烟头以及施工现场配备灭火器。

4. 油工施工时应注意：首先，一定要按施工工艺规范进行，防止工艺不规范造成室内空气中苯含量增高，导致中毒、爆炸和火灾等事故发生。其次，施工现场应尽量通风换气，以减少工作场所空气中的苯含量，降低对人体的危害。

5. 装修后的居室不要立即入住，要通风一段时间，待苯及有机化合物释放一段时间后再居住。期间可选用室内空气净化器和空气换气装置，也可以选择活性炭吸附或者是摆放花草去除油漆味。

### 油漆品牌推荐

1. 多乐士漆——卜内门太古油漆有限公司，英国ICI集团旗下品牌

2. 立邦漆——立邦涂料（中国）有限公司

3. 华润油漆——广东华润涂料有限公司
4. 紫荆花油漆——深圳大中化工有限公司
5. 嘉宝莉油漆——广东嘉宝莉化工有限公司
6. 三棵树漆——三棵树涂料股份有限公司
7. 美涂士漆——顺德市美涂士涂料实业有限公司
8. 巴德士漆——广东巴德士化工有限公司
9. 长江漆——江苏（南京）长江涂料有限公司
10. PPG漆——美国PPG工业集团

## 27. 实木复合地板铺装不当　引起甲醛污染

**错误档案**

关键词：地板　甲醛污染

是否必须重新装修：不是必须，视使用情况而定

常犯错误：实木复合地板黏合胶劣质　释放有毒气体污染空气

### 典型案例

重新装修时，小王夫妇抛弃了原有的地砖，铺装了实木复合地板。为了选颜色花样搭配房子的装饰风格的地板，夫妇俩在挑选地板上可是下了一番大功夫，在跑遍了全市几乎所有的建材城后，几经对比，夫妇俩终于选中了满意的地板。工人进场后，两人几乎每天都盯在现场，以防施工人员偷工减料，甚至偷梁换柱滥用一些不合格的劣质产品。两个月后，装修顺利完工。为了住得安心，夫妇俩请市检测中心前来检测，结果让他们沮丧不已——甲醛严重超标，其源头竟是精挑细选的实木复合地板。

## 错误分析

实木复合地板以胶合板为基材，属胶合板类，由多层薄实木单片胶粘而成，花色多，不易变形，价位较低，因此，在装修中颇受年轻人的喜欢。但由于采用胶粘工艺，会造成室内甲醛污染。

此外，在实际铺装过程中，因为优质地板胶价格昂贵，很多商家往往选用较便宜的普通胶，甚至是价格低廉的劣质胶，释放的甲醛比地板本身高出很多，造成严重的甲醛污染。

## 预防措施

1. 一定要选择符合国家环保标准的产品。国际环保组织规定绿色建材甲醛释放的标准是：A级不高于9mg/100g，B级不高于40mg/100g。而我国尚无绿色建材评价标准。因此，应尽量选择低于国际环保组织规定标准的品牌。同时，要选择质量好的配料、辅料。最好将地板与辅料分开购买，并与商家签订环保合同。在安装地板时，要用环保胶或少用胶、不用胶。

2. 选购复合地板时，需要注意的事项有：

（1）看材质：好地板基材纯且无杂质，纤维颜色呈黄色。多层实木复合地板基材材质主要有全柳桉、全杨木、硬杂木及柳杂混、杨杂混等类型。其中全柳桉基材的硬度、稳定性、胶合性能、加工性能等物理特性要明显优于其他树种的基材，条件允许时，最好选用全柳桉基材的地板。

（2）看厚度：国际标准厚度为8mm，低于此厚度不结实。目前市场上供应的多层实木复合地板除运动型地板外，家用型地板通常为900~1220mm长，90~130mm宽，9~18mm厚。

（3）看表面耐磨转数：家用地板表面初始耐磨值一般在6000转以上。可用砂纸来砂地板表面，如砂出来粉末为白色，即有三氧化二铝耐磨层，如粉末是黄色或其他颜色则没有耐磨层。

（4）看外观：好地板花纹逼真、清晰、亮度好；劣质地板花纹模糊、无光泽。选购时，可以把不同品牌的木地板放在一起作比较。

3. 铺装时，复合地板要留好涨缩缝，防止复合地板随温度热胀冷缩，造成地板起拱翘边等。

### 原设施是否继续使用的判断标准

如果所购二手房带有实木复合地板，业主可以根据以下标准判断是否继续使用：

1. 看品牌及保养程度。如果原有地板使用的是品牌产品，且保养较好，没有出现磨损、起拱、开裂等现象，可以继续使用；反之，建议更换掉。

2. 看改造性价比。在满足第一条的基础上如出现小面积的磨损、起拱、开裂等现象，业主可以在全部更换新的和小面积修补之间做一个性价比对照，计算一下进行修补所需要的工作量、时间和资金（包括人工费、材料费等），再做决定。

3. 从环保角度看，如果没有安全隐患，提倡使用旧地板。理由是实木复合地板含有多种有害物质，区别只是含有量的多少，而旧地板在使用几年后，其所含的有害物质已部分或全部挥发，对人体危害甚少，有利于家人的生命健康。

## 28. 板式家具甲醛超标　引起室内污染

**错误档案**

关键词：板式家具　甲醛污染

是否必须重新装修：不是必须，视使用情况而定

常犯错误：没有意识到板式家具含有甲醛　购买时忽略了污染问题

### 典型案例

王先生虽然购买的是二手房，但重装后高端大气，光是给女儿买的一套电脑桌就花了六千多。桌子送到家后，王先生感觉有强烈的刺鼻气味，送货员告诉他通风一个星期就能使用了。想到这套书桌值那么多钱，应该不会有污染，王先生就放心了。谁知，女儿在书桌上学习了三个月后，时常出现流鼻涕、流眼泪的症

状。半年后，女儿竟然开始脱发，床上、书桌上到处可见女儿的头发。经医生诊断，脱发为甲醛过敏所致。经检测，女儿卧室内空气中含有的甲醛浓度是标准值的6倍多。而导致甲醛严重超标的竟然是半年前新买的那套价格不便宜的书桌，它所用的板材中甲醛含量大大超过国家标准1.5mg/L，是不合格产品。

## 错误分析

近年来，板式家具（图5-3）广泛受到消费者的喜爱，办公室、客厅、厨房、卧室，随处可见它们的身影。与实木家具相比较，板式家具款式新颖，外观简洁，饰面材料多样，价格适中，再加上内部五金配件的设置便于随意拆装、组合，符合现代人的审美。

图5-3　板式家具

可是，很多人只注重了外观，却很少有人意识到板式家具容易造成甲醛超标。这是因为板式家具以人造板为主要基材，常见的有胶合板、细木工板、刨花板、中纤板等，这些板材都是由木材边角料、碎末黏合而成，在制作时使用脲醛树脂胶，这种胶会释放出游离甲醛，很容易造成甲醛超标，成为板式家具的污染源头。

## 预防措施

1. 我国现行的《室内装饰装修材料　人造板及其制品中甲醛释放限量》GB 18580—2001规定，直接用于室内建材的甲醛释放量一定要小于或等于每升1.5mg，如果甲醛释放量小于或等于每升5mg，则必须经过饰面处理后才能用于室内，甲醛释放量超出每升5mg即为不符合标准。上述“室内建材”包括：各种纤维板、刨花板、胶合板、细木工板以及各种饰面人造板等。

2. 选择知名卖场的品牌家具。挑选板式家具最好到知名的家具卖场，购买

有品牌保证的产品，其售后服务也会相对有保证。在购买或者定制家具时，应当先看“使用说明书”，尤其是在验收时，更要依法索取，仔细对照。如果没有“使用说明书”，为了家人安全，最好考虑放弃。现行国家标准《消费品使用说明　第6部分：家具》GB 5296.6—2004规定，凡生产、出售家具必须同时向消费者提供家具使用说明书。如果购买家具时遇到厂商不提供说明书，或者索要时遭到拒绝的情况，消费者可以向质监局等部门举报，质监部门将进行查处。

3. 签订合同条款尽量细化。消费者在签订家具购买合同时，除了要求家具的板材需符合环保标准外，还要注意细节，如注明“人造板全封边”“不能以其他板材替换双面板”等条款，以便更好地保护自己的合法权益。

4. 检查家具必须“四面封边”。板式家具到货后，一定要检查家具是否四面封边，以防止厂家偷工减料，只做单面封边，不利于控制甲醛排放。同时，消费者还应重点检查家具的隐蔽部分，如抽屉底部的板材、橱柜背板等，防止厂家在这些部位使用低等级的板材。

5. 新家具摆放在家里后，一定要通风半个月以上。如果甲醛气味明显，就需要请专业检测机构进行检测。可以购买专业清除甲醛的空气净化器。也可以在房间摆放植物，如吊兰、虎皮兰等。

6. 切忌在过小空间摆放过多家具，以免污染超过室内单位面积的承载量。

## 原设施是否继续使用的判断标准

如果所购二手房带有板式家具，业主可以根据以下标准判断是否继续使用：

1. 看品牌及保养程度。如果原有板式家具是品牌产品，质量有保证，且保养较新，表面没有磨损掉皮、安装无松动、板材无开裂等老旧现象，可以继续使用；反之，建议更换新的。

2. 看美观程度。如果原有板式家具造型时尚美观，符合业主现在的装修，可以继续使用；反之，在资金充裕的条件下，不妨淘汰掉。

3. 从环保角度看，只要原板式家具看上去不是很旧，使用起来没有明显钝感，提倡使用旧板式家具，可以减少更换新板式家具对家人的危害，保护家人健康。

### 板式家具品牌推荐

1. 联邦家居——广东联邦家私集团
2. 红苹果之家——深圳天诚家具有限公司
3. 皇朝家私——香港皇朝家私集团有限公司
4. 掌上明珠家具——成都明珠家具有限公司
5. 双虎家私——成都市双虎实业有限公司
6. 全友家居——成都全友家私有限公司
7. 曲美家居——曲美家具集团股份有限公司
8. 富之岛家居——深圳市富之岛股份有限公司
9. 健威家居——美国跨国公司旗下中国健威家具装饰有限公司
10. 华源轩家居——深圳市华源轩家具股份有限公司

## 29. 地砖太白　导致放射性污染

### 错误档案

关键词：地砖　放射性污染

是否必须重新装修：不是必须，可通过改变室内光线进行改善

常犯错误：地砖选择过白　内含放射性物质

### 典型案例

在装修完半年后，陆女士一家搬进了新家。然而，几个月后陆女士持续出现恶心、胸闷、眼涩、呕吐。去医院检查后，一切都很正常。这时，陆女士突然想起许多装饰材料中有毒气体的释放期往往都很长，会不会是装修时的污染还存在呢？于是，她请来室内环境检测中心的工作人员对新家进行了安全检测。结果出

乎意料，各项空气检测都合格，并没有出现甲醛、苯等含量超标的情况。这时，陆女士家的地面引起了检测人员的注意——这些瓷砖白得发亮，耀人眼目。经检测后发现，这些瓷砖超出国家《建筑材料放射性核素限量》GB 6566—2010规定的标准。原来是瓷砖过白惹的祸！

## 错误分析

现代装修中，多数消费者喜欢用颜色较亮的瓷砖进行装修，既可以使居室看起来富丽堂皇，还可以在一定程度上弥补采光的不足，然而，多数消费者忽略了瓷砖对人体的伤害，除了造成一定的光污染（详见之前“光污染”一节）外，瓷砖中含有放射性物质，对人体有辐射作用。

在瓷砖的制作工艺中，为了增加其表面的光洁度，便于清洗去污，生产商会在表面涂一层“釉料”，并在其中添加锆英砂，而锆英砂中就含有放射性核素。因此，彩釉砖表面放射性元素氡的析出率比普通砖要高。超过使用寿命或人为损坏后的瓷砖脱落的釉面料粉尘，被人体吸入后，更会危及健康。此外，在所有瓷砖中，抛光砖中超白砖的辐射最强，这是因为生产商在里面添加了“美白”原料——一些如硅酸锆、氧化锆等含锆类原料。

如果在客厅、卧室大面积使用瓷砖装饰，很容易造成室内放射性物质污染，再加上在这些空间所呆时间较长，人体健康就会受到伤害。

## 预防措施

1. 选购有“3C认证”标志的瓷砖。“3C”认证是中国强制性产品认证制度的简称，是英文“China Compulsory Certification”的缩写。3C标志一般贴在产品表面，或通过模压压在产品上，仔细看会发现多个小菱形的“CCC”暗记。每个3C标志后面都有一个随机码，每个随机码都有对应的厂家及产品。从2005年8月1日起，国家对陶瓷砖装潢产品实施“3C”强制性产品认证，凡未获得国家颁发的强制性产品认证证书，并且未在产品上加贴“3C”认证标志的瓷砖，一律不得出厂、销售。需要注意的是，在规定中实行认证的瓷质砖是执行GB/T 4100—2015标准、吸水率小于或等于0.5的产品，以抛光砖、仿古砖为主，釉面砖和一些墙砖不在此范围内。

2. 家庭装修最好选用亚光瓷砖，书房和儿童房可以用地板代替地砖，白色和金属色瓷砖反光最强烈，最好不要在居室里大面积使用。

3. 到正规建材市场购买品牌产品，购买时须索要产品放射性检测报告，注意观察检测结果类别（A最好，B居中，C最差）；拒绝购买没有检测报告的陶瓷砖。

4. 根据不同要求选择不同的陶瓷砖。自2015年12月1日起施行的新版《陶瓷砖》（GB/T 4100—2015）规定，根据地砖耐磨等级，1级砖一般适用于卧室和卫生间的地面；2级砖一般适用于起居室；3级砖一般适用于厨房、客厅、走廊、阳台；4级砖一般适用于来往行人较多的饭店、旅馆、商店和展览馆；5级砖一般适用于过往行人很多的公共场所，如机场大厅、商务中心、旅馆门厅、公共过道、工业应用场所等。

5. 装修完的房间，一定要请专家到现场检测，如果放射性指标过高，必须立即采取措施进行更换。如果超标不高，可不必拆除，但要保持房间长时间通风或选用有效的空气净化装置净化空气。

## 8 原设施是否继续使用的判断标准

如果所购二手房带有瓷砖地面，业主可以根据以下标准判断是否继续使用：

1. 看品牌及施工。如果瓷砖使用的是品牌产品，且表面没有出现磨损、裂缝等老旧现象，可以继续使用。

2. 看施工。检查地面有无空鼓，大致估算一下空鼓率是多少，如果超过一半以上，建议拆除重新铺贴。

3. 看美观程度。如果瓷砖是大规格浅颜色，适合室内任意风格的装修，建议继续使用；反之，如果是小规格深颜色，业主自行决定其去留。

4. 对于卫生间小面积的墙面和地面瓷砖，业主可以评估一下重新铺贴所需的工作量、时间、资金，然后决定保留还是拆除重贴。

5. 从环保角度看，如果没有安全隐患，提倡使用原有瓷砖，可以有效减少室内污染。

### 瓷砖品牌推荐

1. 鹰牌瓷砖——广东鹰牌陶瓷有限公司
2. 诺贝尔瓷砖——杭州诺贝尔集团有限公司
3. 惠达瓷砖——唐山惠达陶瓷（集团）股份有限公司
4. 冠珠瓷砖——广东佛山市新明珠陶瓷集团
5. 金舵瓷砖——广东佛山市金舵陶瓷有限公司
6. 蒙娜丽莎瓷砖 ——广东蒙娜丽莎陶瓷有限公司
7. 新中源瓷砖——广东新中源陶瓷有限公司
8. 马可波罗瓷砖——广东唯美陶瓷有限公司
9. 东鹏瓷砖 ——广东东鹏控股股份有限公司
10. 冠军瓷砖——益陶瓷（中国）有限公司

## 30. 防水涂料选购不当　导致苯超标

### 错误档案

关键词：防水涂料　苯超标

是否必须重新装修：必须，严重危害人体健康

常犯错误：不会识别防水涂料　误选有害物质超标的防水涂料

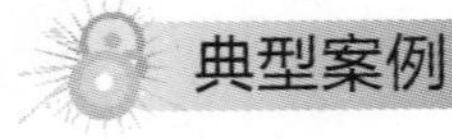

### 典型案例

购买的二手房重装两个月后，蔡女士一家搬进了新居。入住没几天，蔡女士就发现卫生间里面的气味特别大，在里面呆的时间稍长一点，就会感觉头痛恶心。一次，蔡女士在给女儿洗澡时，女儿竟然出现呼吸困难，差点酿成了悲剧。这可吓坏了蔡女士，赶紧请来专家检测卫生间的空气质量。结果发现是由于卫生

间的防水涂料中苯超标，造成了严重的污染。为了家人的安全，蔡女士只好把装修好的卫生间全部拆除，重新进行防水处理。



## 错误分析

苯主要来源于胶、漆、涂料和胶粘剂中，是强烈的致癌物，人在短时间内吸入高浓度的苯，会出现中枢神经系统麻痹的症状，轻者头晕、头痛、恶心、乏力、意识模糊，重者会出现昏迷以至呼吸循环衰竭而死亡。

涂料一般分为水性涂料与油性涂料，水性防水涂料的耐水性、延伸力以及附着力都比较好，也更环保。油性涂料一般用于屋面或地下室防水，施工要求高，而且存在一定的环保隐患，在封闭的环境中施工容易引起中毒。然而，一些业主对两种涂料往往不加区分，容易把油性防水材料用于室内防水。

此外，还有少数业主使用含焦油的聚氨酯类防水涂料，这类涂料容易挥发出刺鼻性的焦油气，短时间内过多地吸入，能够致人迅速中毒死亡，人体长时间小剂量地吸入焦油气，能够引起呼吸道疾病，甚至引发癌症。

## 预防措施

1. 在选用防水涂料时，切忌使用国家明令禁用的防水涂料。《民用建筑工程室内环境污染控制规范》［GB 50325—2010（2013年版）］规定：“Ⅰ类民用建筑工程室内装修中所使用的木地板及其他木质材料，严禁采用沥青、煤焦油类防腐、防潮处理剂。”

2. 选购无毒、环保的防水涂料可以防止防水涂料污染。这类产品有丙烯酸酯防水涂料和无焦油的聚氨酯防水材料。

3. 防水施工宜采用涂膜防水。涂膜防水是指防水材料形成防水层，目前常用的室内装饰防水材料一般有四种：硅酸钠防水油、高分子聚合物防水砂浆、丙烯酸防水涂料和单组分聚氨酯防水涂料。前两者都需要按比例和水泥等材料混合，油性液体填充所有水泥内部空洞，以阻止水的通过；后两者都会形成饱满致密而有弹性的涂层，形成防水层以阻止液体通过。从防水效果和保证年限上，后两者的涂膜防水要远好于前两者，因此，家用厨卫的防水工程上最好使用后两者。

### 防水涂料品牌推荐

1. 东方雨虹——北京东方雨虹防水技术股份有限公司
2. 美涂士——广东美涂士建材股份有限公司
3. 禹王——禹王防水建材集团
4. 柯顺——广东科顺化工实业有限公司
5. 卓宝——深圳市卓宝科技股份有限公司
6. 德高——德高(广州)建材有限公司
7. 宏源——潍坊市宏源防水材料有限公司
8. 龙马——广东龙马化学有限公司
9. 雷邦仕——广州雷邦仕化工建材有限公司
10. 西卡——瑞士跨国公司

## 31. 装修材料铅超标　导致铅中毒

### 错误档案

关键词：装修材料　铅超标　中毒

是否必须重新装修：必须，对人体损害不可恢复

常犯错误：选材不仔细　错选含铅量高的材料

### 典型案例

搬进新家原本是件好事，可张先生却觉得很难受。原来，搬进新家才4个多月，原本学习优秀、乖巧听话的儿子学习成绩突然间一落千丈，脾气暴躁，动不动就和同学打架。接着，张先生的爱人也变得情绪激动，性格暴躁。更加奇怪的是，在之后的日子里，母子俩竟然出现梦游等怪异症状。最后一家人只得去医院

检查，结果显示母子两人血铅严重超标，超过正常人最高值的4倍左右，而导致这一恶果的原来是房子重装时所用材料里富含的铅元素。



## 错误分析

铅是自然界中的一种微量元素，空气中、水中、食品中到处都有微量的铅。然而，进入人体的铅一旦过量，就会造成铅中毒，损害人体神经系统、造血系统和消化系统。

铅污染与居住环境、室内环境和饮水有关，很多新房装修时用的油漆、涂料、彩色壁纸、彩色陶瓷、装酸性食物的水晶制品均富含铅元素，长期接触将会引发铅中毒。其中儿童是铅中毒的易感人群，这是因为离地面1m左右的空间，是空气中含铅浓度最高的地方，而6～8岁的儿童身高与此相当。同时，部分金属玩具、涂有油漆等彩色颜料的积木、塑料玩具、带图案的气球、图书画册等，都是引起铅中毒的重要途径，甚至连拖鞋和吃饭用的餐具含铅量也可能超标。

饮水中的铅污染主要来自于PVC塑料管材中含有的热稳定剂铅盐，如果使用的PVC塑料给水管中的铅超标，铅离子就会从管道中析出，造成饮用水的污染，导致慢性铅中毒。

## 预防措施

1. 家庭装修时尽量避免使用含铅材料，如含铅油漆等。购买有颜色的涂料、油漆和壁纸时，要按照国家标准购买，切忌使用超过国家标准的装饰材料。装饰儿童房间时，不要片面地追求色彩的设计，使用大量的颜色漆，防止造成室内的铅污染。选择婴儿床时，婴儿床的所有表面必须漆有防止龟裂的保护层，床缘的双边横杆必须装上保护套，婴儿床的油漆绝对不能含有铅等对孩子身体有害的元素。

2. 临街的住宅在装修时要注意密封门窗，适当地进行室内通风换气，特别是在环路和高速路附近的住宅更要注意。装修完毕后，要长时间通风让含铅成分散发出去，也可以利用空气净化器和植物进行室内环境湿度调节，降低室内环境中的铅尘。

3. 家庭装修时，应选购新型环保无毒管材，如高密度聚乙烯（HDPE）、聚氯乙烯（PVC-U）（非铅盐稳定剂）管材等。

4. 日常饮用水时，要严防自来水管道的铅污染。早晨经水龙头放出的自来水含铅较多，待水放出3~5分钟后再用于食用。新装修和旧房改造装修应该更换管道。如果老房子使用的是PVC水管，要更换成PPR管，或者在管道上安装除铅的过滤器，以防止管道老化腐蚀，铅大量溶入饮用水中，造成铅中毒。

## 32. 使用107胶封闭底墙　导致甲醛污染

**错误档案**

关键词：107胶　禁用材料

是否必须重新装修：必须，国家已经明令淘汰

常犯错误：装修建材了解太少　没有看国家相关的管理要求

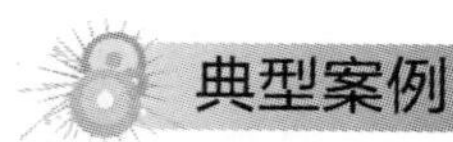

### 典型案例

韩女士和丈夫是普通职工，省吃俭用几年后终于购买了一套二手房。由于资金紧张，韩女士没有对房子进行整体重装，只是简单地刷了一遍墙漆后就搬了进去。可是，住了一段时间后，韩女士就发现只要家人在房间里待的时间稍长一些，就会头晕胸闷。家人猜测会不会是装修造成了污染，韩女士觉得不可能，自己家所谓的“装修”只是重新刷了一遍墙，而且墙面刷的是环保乳胶漆，怎么会有污染呢？这时，韩女士突然想起在刷乳胶漆前，工人用107胶对原有墙壁进行了封胶处理，由于工人告诉她许多装修都是这样进行的，自己并没有对这种做法提出异议。难道是107胶有污染吗？带着这一疑问，韩女士找到了室内空气检测中心的专家，经过专家的讲解，韩女士才知道107胶中含有大量的甲醛，是国家明令禁用的建筑胶。

## 错误分析

107胶，全名是“聚乙烯醇缩甲醛胶黏剂”，含有大量的致癌物甲醛，在家庭装修中，容易从墙体中散发出来，长时间接触可造成免疫功能异常，导致多种疾病的发生。国家建材协会在2007年发布通知禁止107胶应用于家庭装修中，接着北京市建委发布了第五批禁止和限制使用的建筑材料通知，107胶名列其中。虽然107胶已被禁用，但在一些家装中，工人为图便宜暗地里仍然使用107胶，而多数业主由于对107胶知之甚少通常会任由工人糊弄，结果造成甲醛中毒。

## 预防措施

1. 根据《住宅室内装饰装修管理办法》第二十八条规定：住宅室内装饰装修工程使用的材料和设备必须符合国家标准，有质量检验合格证明和有中文标识的产品名称、规格、型号、生产厂厂名、厂址等。禁止使用国家明令淘汰的建筑装饰装修材料和设备。

如果发现装饰装修公司或工人私自用107胶，造成空气污染，根据《住宅室内装饰装修管理办法》第三十七条：装饰装修企业自行采购或者向装修人推荐使用不符合国家标准的装饰装修材料，造成空气污染超标的，由城市房地产行政主管部门责令改正，造成损失的，依法承担赔偿责任。

2. 选用墙面封闭底胶时，业主一定要严格检查所用胶的种类，防止一些工人私自换汤不换药，虽然包装上标明的是其他新型建筑胶，但实际上装的仍是107胶。因此，如果需要做封胶处理，业主最好自己去选购胶，切忌为了省钱使用工人自带的胶。购买时，一定要详细查看包装上的各种标识，产品说明模糊不全、无厂名厂址的产品拒绝购买。

3. 尽量少用胶，可以通过以下做法进行：

（1）使用专用封闭底墙的墙锢，如美巢墙锢，可以减少甲醛污染。

（2）铲掉底墙，重新批腻子。做封胶处理是为了防止原有墙面裂缝脱落，同时也是粉刷工人图省事而做的，因此，最好的办法是铲掉原有墙面，重新批腻子涂石膏粉，然后再刷乳胶漆，确保墙面经久耐用。

## 33. 劣质坐便器含甲醛　引发“马桶癣”

**错误档案**

关键词：劣质坐便器　甲醛

是否必须重新装修：不是必须，可以使用马桶垫，隔断与坐便器的直接接触

常犯错误：坐便器选择不慎 购买了劣质坐便器圈

### 典型案例

小王搬进新家几天后，就出现了一种令人尴尬的症状——臀部发痒。每次痒起来，小王就用手使劲挠，直至把皮肤抓破。小王跑了好几个医院，都查不出来自己得的是什么病。小王只能买来各种各样的药膏涂抹，没承想还是越挠越痒，范围也在扩大，逐渐形成一个圈。有时一上午要痒十多次。最后，小王不得不辞职挨家医院检查。终于一家大型医院确诊了小王的病。令小王哭笑不得的是，自己得的并不是什么疑难病，而是“马桶癣”，简单地说就是坐便器引起的过敏现象。

### 错误分析

“马桶癣”是因接触坐便器而发生在臀部的一种湿疹。多数患者是由于对新漆或塑料制品过敏而引起的，表现为在臀部呈圈状损害，大小范围与所接触的坐便器口相仿，边界清楚，开始时呈潮红，接着出现丘疹、小水疱或脓疱、脱皮等，异常瘙痒。

新居装修时，业主都会安装新坐便器，与之配套的马桶圈都是塑料或者是橡胶制成的，尤其是一些低档坐便器可能会含有或多或少的甲醛。如果业主在没有使用坐便器垫的情况下皮肤直接接触坐便器，很容易导致臀部过敏，引发“马桶癣”。

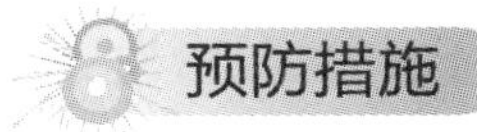

## 预防措施

1. 如果家庭人员中有人是过敏性肤质，最好选购高档坐便器。高档坐便器烧制时的温度高，能够达到全瓷化，而且吸水率很低，不容易吸进污水、产生异味，而一些中低档的坐便器吸水率很高，当吸进了污水后很容易发出难闻气味，且很难清洗，时间久了，还会发生龟裂和漏水的现象。在挑选的时候，可以用手轻轻敲击坐便器，如果敲击的声音沙哑，不清脆响亮，那么这样的坐便器很可能会有内裂，或是产品没有烧熟。

2. 新坐便器买回来后不要马上安装。拆封后，应放置在通风处，让甲醛等有害物质散发出去。使用前应先去商场购买棉毛制成的坐便器垫，既美观，又保暖，还断绝了臀部与坐便器的直接接触。

3. 得了“马桶癣”后，要尽量避免接触坐便器，使用时要做好皮肤和坐便器的隔离，一周后即可痊愈。同时，可以用凉水冷敷过敏处，一天几次，可减轻瘙痒。

## 原设施是否继续使用的判断标准

如果所购二手房已经安装了坐便器，可以根据以下标准判断是否继续使用：

1. 没有附加功能的坐便器造价不高，建议业主淘汰掉旧的安装新坐便器。

2. 如果是高档坐便器，使用时间不长，业主不妨更换一个新的马桶圈继续使用。

### 坐便器品牌推荐

1. TOTO——东陶(中国)有限公司
2. 箭牌——佛山市顺德区乐华陶瓷洁具有限公司
3. 惠达——唐山惠达陶瓷(集团)股份有限公司
4. 科勒——美国科勒（中国）投资有限公司
5. 东鹏 ——广东东鹏陶瓷股份有限公司
6. 美标——美标(中国)有限公司

7. 乐家——西班牙乐家洁具贸易（上海）有限公司
8. 法恩莎——佛山市法恩洁具有限公司
9. 恒洁——广东恒洁卫浴有限公司
10. 安华——佛山市高明安华陶瓷洁具有限公司

## 34. 安装低档油烟机　造成油烟污染诱发疾病

**错误档案**

关键词：低档油烟机　吸烟效果差　肺病

是否必须重新装修：不是必须，可后期更换

常犯错误：对油烟污染不重视　节省费用买到差品　厨房通风差

### 典型案例

肖女士对自己家的楼房进行了重装。入住一年后，全家人对此很满意。可最近一段时间她总是不停地咳嗽、吐痰，痰中还不时夹有血丝。去医院检查后，医生也确定不了病因。医生在和肖女士的谈话过程中了解到，肖女士每天要负责一家五口人的饮食，每当在厨房炒菜时，肖女士的咳嗽就会加重，而且明显感到咽喉中的痰也多起来，医生猜测可能是厨房油烟引发肖女士患病的。他告诉肖女士厨房做饭时高温油烟中含有多种有害物质，使局部环境恶化，长期呼吸这些有害物质，会刺激眼睛与咽喉，损伤呼吸系统细胞组织，严重时会诱发一系列肺病，全球每年有150万人因厨房油烟患病致死。

肖女士这才想起来，当初装修时因费用超支，厨房里只能安装一个极便宜的油烟机，每次做饭时油烟机都抽不了多少烟，尤其是做一些辣菜时，满屋子都是油烟，自己总是被呛得不停咳嗽，连呼吸都困难。

## 错误分析

科学研究表明，厨房污染主要来自两方面：一是从煤、煤气、液化气、天然气中释放出的一氧化碳、二氧化硫、二氧化碳、氮氧化物等有害气体，具有致癌作用；二是烹饪菜肴时产生的油烟，这种油烟中有200多种化学物质，其中包括苯丙芘、挥发性亚硝胺、杂环胺类化合物等致癌物。在厨房油烟机工作时，油烟上抽时经过口鼻被不经意地大量吸入，轻者头昏乏力、食欲不振，重者患上“醉油综合征”，导致呼吸系统、心脑血管疾病，严重时会诱发肺癌。经常烧饭做菜的女性，患肺癌危险性增加了17.4%。在第十二届世界肺癌大会上，与会专家一致认为，“室内污染”已成为导致肺癌的元凶——厨房油烟和房屋装修中的有害物质成为肺癌两大诱因。

与污染严重不成比例的是多数业主并不重视油烟污染，前期重金打造新居，后期却囊中羞涩无力购买质量好的油烟机，结果给了油烟可乘之机，无形中成了油烟这一“肺癌杀手”的帮凶。

## 预防措施

1. 厨房内安装抽风油烟机等净化设备和装置。一定要选择正规厂家出产的抽油烟机，在烹饪过程中，要始终打开抽油烟机，烹调结束后最少延长排气10分钟。

2. 改善厨房的通风条件，如适当开启厨房窗户和其他房间的门窗，使厨房内的浊气能及时排出，新鲜空气能流进来，有利于燃料的充分燃烧，减少由于能源的低效燃烧导致的大量有害气体的生成。

3. 改变传统的烹饪方式，尽量降低烹饪时的油温；油温不要超过200℃（以油锅冒烟为极限），可以有效减少油烟，从营养学的角度上分析，此时下锅菜中的维生素也得到了有效保存。此外，可以多使用微波炉、电磁炉、电饭煲、电烤炉等厨房电器产品，减少厨房内的空气污染。

4. 选择食用油时，最好选择高级烹调油，避免劣质食用油在加热过程中产生更多有害物质。切忌使用反复烹炸过的油，反复加热的食油本身含有致癌物质，在挥发的油烟中所含致癌物也更多，长期在这样的环境周围工作，更易引发肺癌。

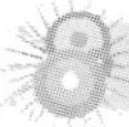

### 原设施是否继续使用的判断标准

如果所购二手房已经有了抽油烟机，可以根据以下标准判断是否继续使用：

1. 看品牌和使用年限。抽油烟机的使用年限为5～10年，如果是品牌抽油烟机，且使用时间较短，在有效的使用年限内，可以继续使用；反之，则应淘汰掉。

2. 看保养程度。如果是高档抽油烟机，表面保养较新，但不确认使用年限，可以请售后人员或维修人员拆开抽油烟机，检查抽油烟机内部情况，评估一下抽油烟机的使用率，如果使用率不高，可以继续使用。反之，建议业主更换新的抽油烟机。

**抽油烟机品牌推荐**

1. 方太抽油烟机——浙江省宁波方太厨具有限公司
2. 樱花抽油烟机——樱花卫厨(中国)有限公司
3. 老板抽油烟机——杭州老板实业集团有限公司
4. 西门子抽油烟机——西门子（中国）有限公司
5. 华帝抽油烟机——中山华帝燃具股份有限公司
6. 美的抽油烟机——广东佛山美的集团有限公司
7. 海尔抽油烟机——中国青岛海尔集团有限公司
8. 帅康抽油烟机——浙江省余姚市帅康集团有限公司
9. 德意抽油烟机——浙江杭州德意集团有限公司
10. 普田抽油烟机——浙江嵊州市普田电器有限公司

## 35. 窗帘选购不当　引起室内甲醛污染

**错误档案**

关键词：窗帘　异味　甲醛

是否必须更换：不是必须，进行去甲醛处理后还可以继续利用

常犯错误：选购时只注重了装饰性　窗帘买回来没有进行清洗、散味处理

## 典型案例

陆先生的新居是一套仅使用了一年的二手房，面积大，室内装修豪华。在保持原有的装修风格后，陆先生仅更换了一套新窗帘就入住了。而他更换窗帘的理由是原有窗帘的颜色太浅了，不利于入睡。然而，住了不久，陆先生就发现了一个奇怪的现象：每天只要回到家里就会头晕胸闷，入睡困难。这是怎么回事呢？室内空气检测并没有污染啊？于是，陆先生又去请了市空气检测局的人员前来检测，结果发现甲醛超标。经过一番检查，检测人员认定甲醛的污染来源于价格昂贵的窗帘。早知这样还不如使用原有的窗帘呢！陆先生怎么也想不到窗帘中也含有甲醛。

## 错误分析

对于甲醛污染，消费者首先想到的是装修时使用的人造板材、复合地板等木质材料，却忽视了窗帘也可能成为居室中一个重要的甲醛释放源头。

窗帘中怎么会含有甲醛呢？原来，在纺织生产中，为了改善织物的抗皱性能，提高纺织品的防水性能、耐压性能以及提高色牢度、改善防火性能等，制造商常在织物中加入人造树脂等常用助剂，而这些树脂中就含有甲醛。在制作窗帘的织物中甲醛的含量各不相同，一般来说，带有装饰和涂料的纺织品甲醛含量会较高。当纺织品长时间暴露在空气中，并不断受到强光照射时，就会释放出甲醛。因此，消费者在购买窗帘时一定要多加注意。

## 预防措施

1. 购买窗帘布时要注意：首先，闻异味。如果产品散发出刺鼻的异味，就可能有甲醛残留，最好不要购买。其次，挑花色。挑选颜色时，以选购浅色调为宜，这样甲醛、染色牢度超标的风险会小些。第三，看品种。在选购经防缩、抗皱、柔软、平挺等整理的布艺和窗帘产品时也要谨慎。

2. 选购窗帘时，除了它的装饰性外，应该多关注窗帘的实用性，可以从以下几方面选购：

（1）防止噪声。如果居室临街或者业主对居室安静要求较高，最好选用植

绒、棉、麻质地的窗帘，它们有很好的吸音功能，可以减少外界的噪声，而且越厚的窗帘吸音效果越好，质地好的窗帘可以减少10%~20%的外界噪声。

（2）遮光。如果业主喜欢在白天睡一个安稳的午觉，卧室最好选择棉质或植绒面料的窗帘，可以很好地帮助您遮挡阳光。书房、餐厅内最好选用百叶窗，可以调节光线。

（3）保暖。在冬天，窗帘起到的作用不只是遮光，还有保暖，这时可以选择植绒窗帘，其面料厚重，保暖性较好。在颜色上，深红色保暖效果最好，很适合冬天使用。

（4）调节心情。最好选用浅颜色的窗帘，如浅绿、淡蓝等自然、清新的颜色，能使人心情愉悦。如果家人患有失眠，可以尝试选用红、黑配合的窗帘，可以帮助家人尽快入眠。

（5）选用中高档的窗帘。质量好的窗帘一般具有防火性能，而一些廉价的窗帘遇火易燃，对家人的安全会造成危害。

3. 窗帘使用时要注意以下几点：

（1）窗帘买回来后，一定要先在清水中充分浸泡、水洗，减少残留在织物上的甲醛的含量。洗好后，要挂在室外通风处晾晒，然后再用。

（2）一些床单、被罩等直接与皮肤接触的纺织品里面也可能含有甲醛，一定要水洗以后再用。

（3）如果房间窗户比较多，可以选择不同材料的窗帘，如百叶帘、卷帘等。

## 原设施是否继续使用的判断标准

如果所购二手房已经安装了窗帘，可以根据以下标准判断是否继续使用：

1. 看材质。如果是高档窗帘，保养较新，无破损毛边等情况，可以继续使用；反之，建议淘汰掉。

2. 看美观程度。如果是在保质的基础上，窗帘呈现的是大方美观，可以继续使用；反之，建议更换新的。

3. 从环保角度看，在材质优、保养好的基础上，提倡使用旧窗帘。

### 窗帘品牌推荐

1. 摩力克——佛山市摩力克家居布业有限公司
2. 澳坦斯——杭州奥坦斯布艺有限公司
3. 金蝉家纺——浙江金蝉家纺服饰有限公司
4. 众望——众望控股集团有限公司
5. 孚日——孚日集团股份有限公司
6. 维科——浙江宁波维科集团
7. WON&WON——山东万得集团有限公司
8. 裕隆——浙江裕隆控股集团
9. 美居乐——广东南海美居乐家纺用品有限公司
10. 布居艺阁——沈阳布居艺阁家居饰品有限公司

## 36. 环保材料累积叠加 室内污染严重

### 错误档案

关键词：材料叠加 污染

是否必须重新装修：必须，某些建材中的有害物质挥发需要一个漫长的过程

常犯错误：大量使用环保材料 认为是绿色环保材料就没有污染

### 典型案例

陈小姐购买的是二手房，房龄仅两年，而且装修不错，但陈小姐总觉得原有的装修材料不环保，决定整体拆了重装。陈小姐请了一家正规的大型装饰装修公司，所用的装饰材料都是到正规的装饰市场购买的“环保材料”：环保涂料、绿色地板、绿色油漆……还有健康家具，甚至连一些小装饰品、玩具，陈小姐都选

择在大商场里购买。可万万没想到，就是这样严格把关的装修材料，检测结果却让她大失所望：甲醛超标2倍、苯超标3倍……陈小姐有些不明白，自己明明买的都是符合国家标准的装饰装修材料，价格高昂，为什么还会导致室内污染呢?

## 错误分析

本案例中，陈小姐家的室内污染是因为建材中所含的有害物质累积叠加造成的。事实上，标称是“绿色建材”和“环保材料”的建材并不是说没有污染，而是指它们的污染低于国家规定的标准。如某些板材的甲醛释放量每立方米低于0.15mg，就达到E1标准了，可以称为“绿色建材”。简单来说，绿色建材也不是完全没有有害物质，只是把有害物质控制在规定的最低标准值以内。

在装修中，大部分消费者对这一点认识不清，认为“环保”“绿色”就是“没有任何污染”，结果，把大堆的污染低于国家规定标准的建材大量地运用在家装上，当这些所谓的“零污染”含量加在一起时，总量就会超过房屋面积的承载量，造成室内污染。

## 预防措施

1. 正确认识“绿色建材”“环保材料”，合理的计算房屋空间承载量。目前市场上的各种装饰材料都会释放出一些有害气体，即使是符合国家室内装饰装修材料有害物质限量标准的材料，在一定量的室内空间中也会造成有害物质超标的情况。

2. 搭配使用各种装饰材料，特别是地面材料，最好不要使用单一的材料，因为地面材料在室内装修时所占比例较大，容易造成室内空气污染。

3. 要为日后购买的家具和其他装饰用品的污染预留空间。各种污染物可产生叠加，如果装修工程结束时室内有害物质已经临界于国家标准，再购买家具和其他装饰用品，则一定会造成室内污染超标。

4. 简约化装修。家庭居室装修应以实用、简约为主，过度装修容易导致污染的叠加效应。如部分消费者给新居铺设实木地板时，还要在下面加铺一层细木工板，目的是使地板更加平整、踩踏时的脚感更好。但从环保角度考虑，这种过度装修其实没有必要，一旦铺垫在下层的细木工板存在质量问题，甲醛等有毒有害气体会透过上层实木地板向外扩散、释放。

5. 采取措施降低室内空气污染。如加强通风换气，用室外的新鲜空气来稀释室内的空气污染物，使有毒有害气体浓度降低，改善室内空气质量。也可以在居室环境中多放置一些绿色植物，如常青藤、铁树等可吸收苯和有机物。居室内种植吊兰、芦荟等植物可吸收甲醛。

## 37. 检测合格后入住污染大　原来是上了检测的当

**错误档案**

关键词：空气检测

是否必须重新装修：必须，严重影响家人健康

常犯错误：轻信不正规检测中心

### 典型案例

终于装修完了，王先生请了一个“权威”的室内环境检测单位为自己的新居进行最后一道把关。检测报告显示“合格”后，王先生一家快快乐乐地搬进了新居。入住不久，家人一个个开始胸闷、头晕，八岁的女儿竟然开始大把大把地掉头发。一家人决定到医院好好检查一次。看着诊断书上赫然写着“新居综合症”时，一家人怎么也不相信是装修污染所致，自己的房子可是经过检测的啊！难道那次的报告是假的吗？经过市检测中心重新检测，他们才知道上次的检测竟然是一场精心策划的骗局。

### 错误分析

对新装修的居室进行环境检测，越来越得到人们的认可。装修好的居室环境质量是否合格，关系着家人的健康。而一些正规室内环境检测中心通常收费很高，多数业主望而却步。殊不知这正好给骗子们制造了诈骗的机会。这些环境检

测中心一无合格设备，二无合格人员，三无检测资质，却打着“物美价廉”的招牌，很容易吸引对家装污染数据不熟悉的业主，经过一番装模作样的测量后，轻松地出具报告糊弄业主，甚至在检测现场直接告诉业主检测结果，而业主一看“合格”二字就付款了事。

### 预防措施

1. 选择正规的环境检测机构。正规的环境检测机构应具有CMA计量认证，以保证检测数据的准确性。因此，在选择环境检测机构时，一定要查看检测机构的资质证书。

2. 了解需要检测的对象。《民用建筑工程室内环境污染控制规范》［GB 50325—2010（2013年版）］规定，室内空气污染的主要指标包括空气中的甲醛、苯、氨、氡、TVOC五种有害物质的含量和菌落总数、二氧化碳等，而室内环境检测的项目是前五项。规范中规定，对于住宅、医院、老年建筑、幼儿园、学校教室等民用建筑工程，在验收时必须进行室内环境污染物浓度检测。结果要符合以下室内环境污染浓度限量：氡（$Bq/m^3$）≤200，游离甲醛（$mg/m^3$）≤0.08，苯（$mg/m^3$）≤0.09，氨（$mg/m^3$）≤0.2，TVOC（$mg/m^3$）≤0.5。

## 38. 踢脚板铺完没通风　导致室内污染

**错误档案**

关键词：踢脚板　甲醛污染

是否必须重新装修：不是必须，视情况而定

常犯错误：购买了含有甲醛的踢脚板　没有通风散味

### 典型案例

吴先生正在装修的新家是一套仅使用了一年的二手房，原有装修保养良好，只是房间内铺设的地板和踢脚板不论是从材质还是颜色上都不匹配。这对于搞艺术的吴先生来说是不能容忍的。他决定拆掉踢脚板重新铺贴。施工结束后，想到只是更换了一批踢脚板，且用量不大，一家人随即兴高采烈地搬了进去。谁料，入住三个月后，吴先生年仅两岁的儿子就开始反复生病。有过装修经验的朋友提醒他可能是踢脚板中甲醛超标引起的。一语点醒梦中人，吴先生赶紧请专业机构前来检测，结果显示踢脚板的甲醛释放量严重超标。

## 错误分析

本案例中的吴先生的“悲惨”遭遇在于：一是使用了甲醛超标的踢脚板，二是错误地认为不需要通风，结果伤害到了自己的儿子。这在二手房装修中是经常出现的，如果不是整体重装，只是小范围的重装，业主往往在装修完未进行通风便直接入住；业主更多注意的是主料的安全，很少注意辅料，如踢脚板、壁纸胶、填缝剂等，这让辅料污染防不胜防。

## 预防措施

1. 首先要提高重视。踢脚板是容易被忽略的一个污染源，假设一套90m$^2$的两居室，使用2m一根的踢脚板，根据房间结构不同，粗略估计要用到50多根，形状不规则的房子使用量会更大。虽然看起来是一个小部分，整体算下来用量非常大，如果用料不慎，将造成严重的污染。

2. 市场上常见的传统踢脚板，工艺非常简单，就是在板材的正面贴木纹纸，背面贴胶带纸，这样造成游离的甲醛很容易释放出来，污染室内空气，在挑选时要避免购买这种劣质的踢脚板。

3. 购买踢脚板要仔细检查质量是否合格，环保指数是否达标，选择的时候看一看颜色，闻一闻味道，切忌使用质量不合格的产品，因小失大，影响家人和自己的健康。

## 原设施是否继续使用的判断标准

如果所购二手房已经有了踢脚板，可以根据以下标准判断是否继续使用：

1. 看材料和品牌。如果原有踢脚板是优质品牌，且使用时间不长，可以继续使用；反之，建议淘汰掉。

2. 看保养新旧。检查原有踢脚板有无刮花、剥离墙面、脱落等现象，如没有，可以继续使用；反之，则要更换新的。

3. 看美观程度。看原有踢脚板和地面（瓷砖或地板）是否匹配，以及和整个家的装修风格是否相符，如相符，可以继续使用；反之，在资金充裕的情况下，可以拆除重新铺贴新踢脚板。

4. 从环保角度看，如果没有安全隐患，提倡使用原有踢脚板，以减少室内污染。

# 第六章　哪些失误可让人蒙受很大损失

装修是一项费时、费力、费钱的大工程，对比各种装修省钱方案辈出，然而再精打细算的装修，最后总是超出预算，让人很是头疼。怎么才能在保质保量的基础上开源节流呢？本章将为大家介绍一些容易引起浪费的工程，可能稍不留神的一个小错，就让您又多花几千甚至上万元。仔细看清这些误区，牢牢记在心里，装修不做冤大头！

## 39. 带着木工买建材　质量差价格高

**错误档案**

关键词：木工　价高质差

是否必须重新装修：必须，预算超标，影响其他建材的购买

常犯错误：完全听从木工师傅　提前没有做市场调查和预算

### 典型案例

党先生购买的二手房是一套毛坯房，原房主购买后一直闲置。装修时，为了买到价格合理质量又好的板材，党先生决定带着木工师傅一起去建材市场选购。到了建材市场后，党先生和木工师傅挨家转了一圈，最后在一家商铺里购买了装修所需的板材以及所有的五金配件，共花去近2万元，大大超出了预算总量。然而，板材进场木工开始施工时，党先生发现板材属于两种不同的牌子，质量相差也很大，尤其白枫面板竟有白色和青色两种。在随后的日子里，党先生去其他建材城买料时，竟然发现自己买回的建材平均比市场上的价格高出20%，有的甚至超出了2倍。党先生本以为自己想得周到，没想到却被木工和商家合伙做了手脚。

## 错误分析

木工进场时，一些业主会选择带木工师傅去选购建材，一是因为木工每天使用板材，对板材的质量好坏有很好的鉴别能力；二是木工了解板材的价格，防止被商家要高价。这种做法看似正确，实际上却误中了“商道”，正是因为木工的工作就是和板材打交道，因此，木工和建材市场尤其是经营板材的商家就形成了一条不成文的规定：当木工领去买家，商家就抬高价格，事后商家付给木工一定的回扣。结果，业主购买的板材不但价格高，质量也不好，只能吃一个哑巴亏。

## 预防措施

1. 确定好设计方案后，尽量多请几位不同的木工师傅做预算，做到心中有数。最好提前去建材市场打听价格，回来后做出预算，实际款项会在预算上下浮动，但不可超出预算太多。

2. 购买板材时，业主最好亲自去建材市场挑选，如果不确定价格，就多看几家，每家都把价格问清楚记录下来，对比价格就能区分出高中低档的板材。尽量不要带木工去购买，防止木工和商家私下有来往，否则，业主在付了板材的钱外，还得额外出商家付给木工的回扣，价格会比市场价高出许多。验收板材时，一定要一张一张验收，防止其中混入残次品，仔细查看板材是否是同一厂家、同一颜色，发现有瑕疵，立即要求调换。

3. 不要一次性付全款。可以先交部分定金，板材送上门且验收无误后再付剩余款，这样，即使出现了问题，商家也不会推卸责任。

**细木工板品牌推荐**

1. 兔宝宝——德华集团控股股份有限公司
2. 莫干山——浙江升华云峰新材股份公司
3. 千年舟——千年舟集团华海木业有限公司
4. 环球——南通复盛木业有限公司
5. 金秋——河北金秋木业有限公司
6. 腾飞——河北腾飞木业有限公司

7. 鹏鸿——大连鹏鸿木业有限公司
8. 福春——吉林省福春木业有限公司
9. 福湘——湖南福湘木业有限责任公司
10. 德仁——浙江德仁集团

## 40. 瓷砖两次购买出现色差　导致返工

**错误档案**

关键词：瓷砖　二次购买　色差

是否必须重新装修：不是必须，视情况而定

常犯错误：断货、材料不足进行二次购买　验收不仔细

### 典型案例

郑先生在老城区购买了一套面积约160m²的二手房，由于装修老旧且土气，在拿到钥匙后，郑先生就带着拆扒工人入场。接着，郑先生选购了价格不菲的瓷砖铺地面。由于选中的瓷砖库存量没有郑先生要的那么多，商家答应剩余部分在进货后再送货上门，郑先生只好运回现有瓷砖让工人施工。两天后剩余瓷砖送上了门，郑先生验收了一下型号，觉得没有差错就继续施工。没想到瓷砖铺好后，郑先生发现前后两批瓷砖在颜色上差了许多。最后，郑先生不得不拆掉铺好的瓷砖，重新购买铺贴。对于返工及其造成的材料浪费，郑先生要求商家赔偿，对方却一再拖延。

### 错误分析

本案例中的装修失误是由于业主没有一次性买全所需瓷砖，结果导致再次购

买产品与原产品出现色差。这种现象在家装中并不少见。多数业主会按预算购买材料，而忽略了施工中存在的损耗，或者购买了缺货产品，造成产品有误差、返工。

在现代家装中，装修材料种类繁多，装修也更加追求细致，因此，在购买装修材料时，用量上一定要超出实际所需要的用量，其中包含施工中会出现的一些损耗，避免再次购买。

### 预防措施

1. 材料做预算时，一定要超出实际用量。对于一些大件，如大芯板、饰面板等，可以和商家约定“多退少补”，这样，装修结束后剩余的板材可以按原价退还给商家，而不至于在施工中因损伤导致实际购买量不够造成中途断货，延误进度。

2. 购买瓷砖时，一定要打开包装仔细验收，因为即使是同一型号的瓷砖，有时也会存在色差，最好一块块地对比，如果发现有不一样的，可以及时调换。

3. 尽量不选购断货产品，或者可以等商家补全该产品后一次性购足量。如果一定要买断货产品，要先付部分定金，剩余的款项要在第二批补进验收后再付，避免出现问题商家不予调换或者拒绝赔偿。

### 原设施是否继续使用的判断标准

参见“29. 地砖太白　导致放射性污染”一节。

## 41. 改电后验收不仔细　导致插座不通电

**错误档案**

关键词：电路验收　不通电

是否必须重新装修：必须，给生活带来很大不方便

常犯错误：电路施工不规范　验收不仔细

## 典型案例

小李和妻子虽然都是九零后，可二人都是普通职工，双方父母也没有太多的积蓄帮助他们，面对新开盘的大面积楼房二人只能望“楼”兴叹。最后，二人购买了一套有十年房龄的二手房，手里还剩下一笔小钱用来重新装修。搬进新居后，为了庆祝乔迁之喜，小李准备在家宴请双方父母。小两口把菜都备齐后，双方父母也准时到来，这时，小李转身走进厨房准备煮饭，奇怪的是电饭煲并没有开始工作。难道插座坏了吗？他把厨房的插座挨个试了一遍，结果都是一样。会不会是停电了呢？于是小李把电饭煲插到客厅的插座上，电饭煲工作了起来，他意识到一定是厨房里的插座不通电。好不容易等到大家吃完了饭，小李赶紧请来小区里的专业电工，电工一检测才发现厨房里墙面开关里没有接火线都接了零线。最后，电工敲掉了插座周围的墙砖才把电线接好。

## 错误分析

改电时，电工由于一时疏忽或者贪图省时省力，通常会有一些不按规范施工的行为，如所有的电线都用一种颜色，零线、火线接错，在线路转弯处不使用套管等。这些错误的做法，都会导致插座不通电，返工、维修在所难免。因此，改电时业主最好亲自监工，严格要求电工按规范施工。

## 预防措施

1. 改电时，业主最好守在一边进行监督，防止改电人员疏忽接错了线。改电结束后，一定要把房间里的插座一一试过，业主除自己动手试用所有的电器开关设施外，还可以请专业人士进行检验。如果有插座不通电，要及时进行检修。通电检查结束后，要向装饰装修公司索取详细的电路配置图，以便日后检修维护。

2. 在线路安装时，一定要严格遵守“火线进开关，零线进灯头”“左零右火，接地在上”的规定。火线、零线、地线一定要用不同颜色的电线，同时，底盒接线处不同电线也要用同等颜色的布来包扎，如火线用红色线及红色包布，零线用蓝色及蓝色包布，接地线用黄色及黄色包布等，避免因麻烦而使用同一种颜色的线，导致日后线路出现问题检测时分不清线。

3. 使用套管时，在转弯处，一定要使用连接配件，避免在转弯处或者是与接线盒交接处露出一节，否则长时间后可能会因为线路老化而造成漏电。

## 42. 实木地板安装不当　造成起拱和翘边

**错误档案**

关键词：地板安装　起拱和翘边

是否必须重新装修：不是必须，视情况而定

常犯错误：铺设木板不留缝隙　龙骨没有烘干处理

### 典型案例

小王的婚房是父母出资购买但一直对外出租的一套老房子，地面铺的是瓷砖，重装时，小王决定改铺实木地板。小王转遍了市里大大小小的建材市场，还通过朋友同事了解了不同品牌地板的口碑和使用感受，最后选定了某地板。可是，新居入住还不到半年，地板踩上去就有了悬浮感，卧室的木地板也出现了起拱和翘边现象，开始只是地板的一边，过几天，整块的地板都开始起拱和翘边。怎么别人家都用得好好的，到了这儿就变成这样了呢？难道木地板也会“水土不服”吗？小王对此百思不得其解。

### 错误分析

地板出现裂缝或者鼓包的原因是多方面的，一是因为地板质量问题，如地板的含水率大，其次是由于安装过程中出现的错误，如铺装时没有留出足够的缝隙，木材热胀冷缩，使地板起拱；龙骨没有进行彻底烘干导致地板变形；伸缩缝被踢脚板钉死或被石膏、腻子等填满，使地板无法伸展，导致地板起拱；安装过程中，有异物留在地板下，造成起拱；两个以上的房间在安装地板时门套处不加装扣条，使湿气、潮气较大时两个房间地板横向伸展，造成房间门口处互相牵扯，使地板起拱等。

## 预防措施

1. 选用实木地板时，尽量选择含油脂抗潮能力较好的树种，如柚木、龙脑香、绿心樟、铁线子、印茄木等，这些树种受气候环境的影响相对较小，胀缩系数也相对要小。其次，选用含水率低的地板。木地板含水率与地板的胀缩密切相关，因此，选用的地板的含水率应尽量与当地年平均平衡含水率接近。买地板时，可以请销售人员当面检测地板含水率，一般情况下地板的含水率宜低不宜高。

2. 木地板铺设时，一定要严格按照工序施工，最好让卖家负责铺，避免因地板质量和铺设质量难以区分而相互推卸责任。切忌重地板质量轻铺设质量。木地板的铺装应根据材性、环境、温湿度、季节、建筑物状况、基层地面状况以及地板含水率状况等多项因素，综合制定铺设方案，要尽量减少环境条件对地板的影响。地板铺装工艺的科学与否将直接影响地板的正常使用。

3. 在安装中，要注意所用辅件和辅料要经过防潮处理，并留有一定的伸缩空间。安装后门窗要经常打开通风，这样可以带走湿气以保持室内外的平衡。

4. 地板保养时要注意，尽量保持地板干燥，避免与大量水接触受到长期浸泡；避免使用酸性或碱性水擦拭地板，以免破坏油漆的光洁度；要定期打蜡，在地板铺装完毕后打一次蜡，以后每三个月打蜡一次；地板潮湿后要及时擦干净，但不能用火烘烤，以免地板干裂；不要在地板上扔烟头或直接放置过烫的东西；避免尖利物体划伤地面。

5. 如果发现地板起拱，应及时查出原因，然后“对症下药”：如起下踢脚板，再次预留伸缩缝；在房间与房间连接处加装扣条；重新安装踢脚板，清理出石膏、腻子等预留伸缩缝；拆掉地板，地面处理平整、干燥后重新铺装地板。

## 原设施是否继续使用的判断标准

如果所购二手房带有实木地板，业主可以根据以下标准判断是否继续使用：

1. 看品牌及保养程度。如果原有地板使用的是品牌产品，且使用时间不长，可以继续使用；反之，建议淘汰掉，更换新的。

2. 看保养程度。检查原有地板有无出现磨损、起拱、开裂等问题，如没有，

可以继续使用；反之，建议更换掉。

3. 看改造性价比。针对第二条如果出现小范围的起拱、开裂等问题，业主可以在拆除后全部换新和小面积修补之间做一个性价比对照，计算一下进行修补所需要的工作量、时间和资金（包括人工费、材料费等），再做决定。

4. 从环保角度，如果没有安全隐患，提倡使用旧地板。理由是实木地板或多或少含有一种或多种有害物质，而旧地板在使用几年后，其所含的有害物质已部分或全部挥发，对人体危害甚少，有利于家人的生命健康。

**实木地板品牌推荐**

1. 圣象地板——中国上海圣象集团
2. 升达地板——四川升达林业产业股份有限公司
3. 菲林格尔地板——菲林格尔木业（上海）有限公司
4. 大自然地板——广东盈然木业有限公司
5. 世友地板——浙江世友木业有限公司
6. 生活家地板——生活家家居装饰有限公司
7. 德尔地板——德尔国际地板有限公司
8. 富得利地板——浙江富得利木业有限公司
9. 宜华地板——广东省宜华木业股份有限公司
10. 安信地板——安信伟光(上海)木材有限公司

## 43. 墙砖施工不当　导致空鼓

**错误档案**

关键词：墙砖　空鼓

是否必须重新装修：必须，瓷砖会断裂脱落

常犯错误：基层处理不当　稠度控制不准　瓷砖质量差

## 典型案例

余先生购买的二手房准确地说是“新房”，房主装修完尚未入住，便举家搬迁到了外地。因此，余先生拎着行李就住进了新居。入住新居半年后，余先生正在厨房切排骨，突然响起“啪”的一声，余先生一惊，四处张望，发现是一块瓷砖脱落下来砸在附近的冰箱上，洁白光滑的墙壁上猛然间出现一块方方正正的水泥空间，事情发生得太突然，余先生愣了几秒钟才回过神来，这些瓷砖是用水泥镶贴的，怎么可能掉下来呢？他仔细摸了摸瓷砖脱落的位置，发现周围几块砖都松动了，有的稍稍用力一碰就会脱落下来，用手指敲一敲周边的瓷砖都发出空空的声音，一面墙竟有多半瓷砖空鼓。余先生不仅懊恼起来，当时购买时怎么就没有仔细检查一下装修质量呢？现在这样，是继续入住还是搬出去进行重装呢？

## 错误分析

墙砖镶贴后最可能出现的问题就是空鼓、脱落以及后期龟裂（釉裂）。空鼓和脱落一般是由于基层表面偏差较大、基层处理或施工不当造成的，如每层抹灰时间间隔过短，没有浇水养护，各层之间的黏结强度差，面层就容易产生空鼓、脱落。砂浆配合比不准，稠度控制不好，砂子含泥过大，易产生干缩、空鼓。砂浆不饱满，粘贴时未用橡皮锤锤实也易产生空鼓。

后期龟裂是指内墙砖在铺贴一段时间后，在其釉面上出现细小的裂纹，可以渗入墨水等染色液。在使用环境湿度较大时容易出现这种缺陷。首先是砖的内在质量差，抗龟裂性达不到标准，在潮湿的环境中铺贴一段时间后，就会因内部应力的作用而引起釉面龟裂。其次是施工错误，如预制结构、灰浆的配比、铺贴的方法也往往会引起后期龟裂；如果房间埋有暗线且埋线深度过浅，可能会引起在一条线上出现龟裂；基础下面有木制构件，也可能出现整齐形状的龟裂。

## 预防措施

1. 贴砖前基层应充分浇水湿润，瓷砖应在水中充分浸泡阴干后方可使用，否则，砂浆因水分被干燥的基层和瓷砖迅速吸收而快速凝结，会影响其黏结牢度，同时，墙砖也会从水泥里吸收水分，使水泥无法起到粘贴剂的作用，造成水泥砂

浆脱水、影响其凝结硬化以及发生空鼓、起壳等问题。

2. 严格按照工艺标准操作，镶贴墙砖的施工步骤如下：

第一步，基层处理。镶贴饰面的基体表面应具有足够的稳定性和刚度，基体表面残留的砂浆、尘及油渍等，应用钢丝刷刷洗干净。基体表面凹凸明显部位，应事先补平。阳台及其他原有石灰层一定要清理掉，并做毛处理。

第二步，找平层。

第三步，浸水。瓷砖镶贴前要先清扫干净，在清水中浸泡不少于2小时，釉面砖需浸泡到不冒气泡为止，然后取出阴干备用。

第四步，预排。瓷砖预排时要注意同一墙面的横竖排列，严禁有一行以上的非整砖，非整砖行应排在最不醒目的部位或阴角处。

第五步，镶贴。镶贴时先将找平层充分润湿。镶贴墙面时，应先贴大面，后贴阴阳角、凹槽等难度较大、耗工较多的部位。砖与墙面之间一定要留有缝隙，否则，由于受力等原因，时间长了墙砖容易脱落。

第六步，空鼓检测。瓷砖干透后,用橡皮锤随意敲击砖面,尤其是每块砖的边角，如果出现空鼓要立即返工或做其他补救。

## 44. 墙壁拐角没贴阳角条　墙角易损坏

**错误档案**

关键词：墙角　阳角条

是否必须重新装修：必须，严重影响美观

常犯错误：墙角没有埋阳角条

### 典型案例

小王的新居装修完毕后，邀请了几位要好的朋友给自己温居，因为人比较多，便决定把餐桌搬到客厅去。谁知在搬餐桌时，桌子的一个角不小心磕在了客厅的一个阳角上，墙面立刻掉了一大块，阳角上出现了几个深浅不一的坑。

小王看了很心疼，朋友们也觉得不好意思。这时，买过房的朋友询问小王装修时是不是没有给墙角做护角条。小王这才知道装修市场还有护角条（阳角条）（图6-1）这种材料。因为室内拐角都没有放护角条，墙角磕磕碰碰的破损就在所难免。

图6-1 市场上出售的阳角条

## 错误分析

阳角易损，贴瓷砖易开裂，或者墙角不直是装修后墙角的多发问题，因为墙体转角处的泥灰比较脆弱，最容易受到破损。即使是铺上瓷砖，墙角处也很容易开裂。加上业主缺乏常识，装修时没有放护角条，直接刷油漆或者贴瓷砖，时间久了，墙角便会出现瓷砖开裂、阳角磨损等现象。

## 预防措施

1. 阳角条又称阳角线或收口条，是应用在墙体阳角处的装饰材料，可以让阳角整洁美观，并对它起到加固与保护的作用。同时阳角条还可以解决室内阳角不直的问题，避免凹凸不平的情况发生。阴角也有对应的阴角条，但阴角不容易被磕碰，业主可以根据自家情况决定是否放置。

2. 阳角条通常在批腻子粉时预埋进去，然后再刷上油漆。如果装修中忘记埋入阳角条，也可以在装修后使用装饰性的护角条安装在墙角表面，既可装饰墙角又可以保护墙角免遭磕碰。这样装修的房子，入住多年后阳角也不会损坏。

3. 护角条在建材市场可以买到，价钱也很便宜。这么实用的装修贴士，一定不能忽略。

## 45. 私自改动暖气　造成供暖失衡

**错误档案**

关键词：私改暖气　暖气片不热

是否必须重新装修：必须，引起生活麻烦

常犯错误：私自改动暖气　不按标准执行

### 典型案例

王女士的新居有一百多平方米，装修时正好停暖，王女士对室内安装的暖气未加留意。冬天搬进新居后，王女士感觉家里很冷，这才发现暖气片少了些，客厅的温度只有十五六度。没办法，王女士只得找暖气工加装了几组暖气片，还把客厅里的暖气片换成了漂亮的艺术暖气片。由于正值供暖期，加装暖气片费了不少周折。本以为改暖后就不受冻了，可谁知家里的暖气就没有正常热过，时冷时热。之后的一天，新装的暖气片竟突然间爆裂。王女士找来物业人员修理，检查的结果竟然是因为王女士私自改动暖气导致原来设计好的暖气热平衡被打破，供热发生失调。

### 错误分析

常见的私改暖气方式有：延长暖气片；改变暖气片位置或重新安装；更换暖气管道等。

私自拆改暖气管道隐患多多，直接的隐患就是影响供暖效果。这是因为用于供热的水有杂质，用户私改供热设施后，往往不采取过滤等措施，杂质很容易堵塞管道，致使水循环不畅，结果就会使暖气片热的热，冷的冷。

此外，如果施工不严格，如管道拆改中使用的材料、施工质量无法保证，一些管道的接口等地方接合不紧等，还会造成管道跑水、爆裂等现象。一旦发生这种情况，不仅抢修起来麻烦，更重要的是给用户甚至楼下业主带来不必要的损失。



## 预防措施

1. 我国现行的《住宅室内装饰装修管理办法》第六条明确规定装修人从事住宅室内装饰装修活动，未经供暖管理单位批准不得拆改供暖管道（图6–2）和设施。因为暖气属于公共设施的范畴，每个屋子里有多少暖气片，放在什么位置，都是经过计算的，属于整栋楼的总体设计。私自拆改或者增减暖气片对楼上楼下的供暖都会有影响，因此是绝对不允许的。

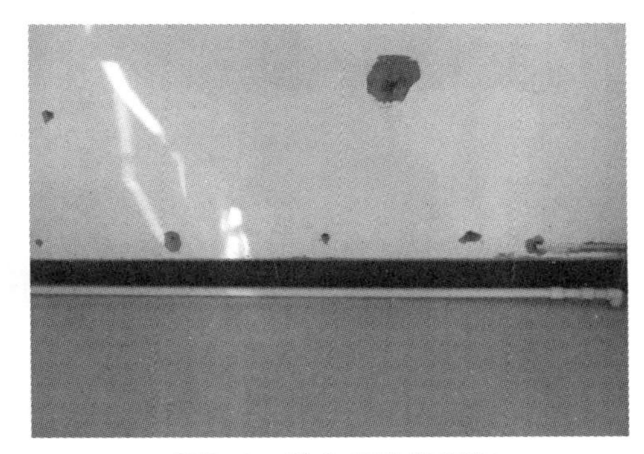

图6–2 私自拆除的暖气

根据《住宅室内装饰装修管理办法》第三十三条：装修人擅自拆改供暖、燃气管道和设施造成损失的，由装修人负责赔偿。第三十八条：擅自拆改供暖、燃气管道和设施的，由城市房地产行政主管部门责令改正，并对装修人处五百元以上一千元以下的罚款。

2. 如果一定要改动暖气，装修前应向房管部门申请，批准后必须由专业人员施工。切忌私自改动暖气。居室中的燃气、暖气、上下水管道在房屋建造过程中全是由专业施工人员进行施工的，燃气、暖气在安装完后全要经过试压、试水，一般的装饰装修公司是很难做到这一点的。国家标准规定，装饰装修公司不能私自拆改暖气、煤气，业主必须找专业拆改暖气、煤气的公司来施工，家装公司的施工人员不具备专业的拆改技术，因私自拆改暖气、煤气给业主造成漏水、漏气的后果是非常严重的。

3. 最好不要在供暖设施上加装其他装修，如果暖气片影响到整体美观必须安装暖气罩，暖气罩一定要设计成活动的，便于随时检查维修。在暖气罩安装完毕之后，要将暖气罩中的装修垃圾清理干净，以免使用中散发异味，甚至引

发火灾。

4. 严禁给暖气装阀放水。一些业主会在暖气片上装上阀门，需要热水的时候可以打开阀门，直接用里面的热水洗衣服、擦地，这是错误的做法。供热系统采取闭水循环设计，热水由锅炉房流出，经外管网进入居民暖气管道中，循环结束后再流入锅炉房，一旦私放或盗用供热水源，会造成有的片区水压不足，影响其他居民的采暖；另外，热水被放走后，供热站不得不再添加冷水，造成水、煤和电力资源的浪费，还会影响供热质量。同时，系统供热管道中的水已改变了原自来水的水质，再加上管道防腐剂等化学药剂的使用等，管道中的水对人体有害元素较多，不可随意滥用。

## 46. 冷热水管混接　导致冷水管遇热破裂漏水

**错误档案**

关键词：冷热水管　混接　破裂漏水

是否必须重新装修：必须，引起生活麻烦

常犯错误：施工人员疏忽接错水管

### 典型案例

吴先生入住新居还不到一个月，家里的冷水管就破裂漏水，昂贵的整体橱柜和实木地板都被浸泡了，吴先生赶紧打电话让物业赶来维修。经过检查，维修人员发现吴先生家的冷热水管接错了，由于冷热水管的伸缩率不同，当热水进入冷水管时，热胀冷缩导致冷水管破裂漏水。吴先生这才明白原来是自己找的改水工接错了冷热水管，直接造成了水管破裂漏水的后果。

### 错误分析

水管有冷水管和热水管之分，为了便于业主区分，通常会使用不同颜色的水管，白色为冷水管，红色为热水管（图6-3）。然而，改水时一些改水人员容易一时疏忽把冷水管和热水管混合接起来，或者改水人员根本就不懂冷热之分，结果冷热水管混接导致日后冷水管遇热破裂漏水。

图6-3　冷水管和热水管

## 预防措施

1. 改水时，一定要请专业改水人员进行，业主最好在场监督，要严格按颜色区分冷热水管，不要听信对方冷热水管是可以混接的说法。

2. 严禁随意拆改水路。如果业主初次装修，一些改水人员会诱导业主随意拆改水路，为的是多收改水费用。因此，如果发觉改水人员提示您这里需要改动那里也需要改动时，您就要提高警惕了，因为有些改动不仅是浪费钱财，更严重的是在拆改水路时一旦没有密封好或没有经过试压，将会导致水管爆裂。因此，业主一定坚持己见，不要轻信改水人员的话，坚持自己要求改动的一定要改、自己未要求改动的管线坚决不改动的决定。

# 47. 卫生间墙体接缝防水不到位　卫生间墙外面发霉

**错误档案**

关键词：接缝　防水不到位　墙面发霉

是否必须重新装修：必须，会导致墙面发霉

常犯错误：卫生间墙体接缝处的防水没有做到位

## 典型案例

小陈前不久搬入了装修完的楼房，虽然是二手房，但是装修完和新家一样，

焕然一新。然而搬进去没多久，小陈发现客厅与卫生间公用的一面墙很潮湿，时间长了竟然开始发霉变黑。这让小陈很郁闷，卫生间明明做了防水，而且闭水试验也符合渗漏标准。怎么还会出现这种情况，到底是哪里出了问题呢?

## 错误分析

生活中大家都会碰到类似事件，卫生间是做了防水的，而且做了两遍，防水很到位，可是墙体另一面还是会返潮，起皮，有的是局部，如踢脚板上方（图6–4），有的是整面墙。那么到底是哪里出了问题呢？防水功课不到位。如果卫生间墙体的防水做足了功课，那就是墙体接缝处出现了漏洞。“天下莫柔弱于水，而攻坚强者莫之能胜。”水是天下间最柔弱的，可是却能滴水穿石。而卫生间时常处于潮湿（淋浴）环境中，一旦墙体接缝处的防水没有做到位，水汽穿墙是再简单不过的事了。

**图6–4　踢脚板上方墙面返潮**

## 预防措施

1. 卫生间的防水层是一道重要的工序，首先装修完卫生间一定要做闭水试验，防水不合格日后少不了漏水的麻烦。其中地面防水是基础，一定要做好地面防水。对于二手房的住户，在装修前要先做一次闭水试验，如果有漏水现象，就要重新做卫生间的防水系统。做完闭水试验，如果防水没有问题，接下来在卫生间的装修中一定要小心，不要破坏防水层。如果要更换地砖，在拆掉原有地砖之后，应先找平地面，做好防水，然后再进行新地砖的铺贴工作。

2. 墙面防水，按照规定卫生间的墙面防水要做到0.3m高，带有淋浴的要求淋浴部分不低于1.8m，为了防止水汽进入墙体，淋浴比较高的墙最好做到整面墙通刷防水层。

3. 接缝处的防水往往是防水工序中容易被忽略遗漏的地方，也是日后容易出现问题的地方。要监督工人认真涂刷水管接口和墙面地面边角、接缝。坐便器旁边地漏一定不要高出防水层，淋浴的下水口一定要是最低处，在地面与防水层之间放置挡水条，在防水条外层还要再做一层防水，防止水流从挡水条边跑出来渗入地砖下的沙垫层。在二手房装修中，拆改管道、坐便器下水的时候注意不要破坏防水层。

4. 对于二手房要检查墙体结构，有些墙体的石灰粉刷层已经老化，变得疏松，防潮防水功能大幅下降，如果在原墙面直接贴瓷砖，就容易使墙体的另一面发霉变黑。遇到这种墙体，装修时一定要铲除粉刷层，重新进行粉刷，做防水，再铺贴瓷砖。

## 48. 墙漆选择不当 墙面出现色差

**错误档案**

关键词：墙面漆 色差

是否必须重新装修：必须，影响美观

常犯错误：购买不合格的墙漆 工人没有按标准进行刷漆

### 典型案例

张女士装修墙面时选了一款名牌漆，还让调色师调了一款特别的颜色。看着刷好的墙漆，张女士大失所望。原来，墙面颜色并不是色卡上的颜色，比之加深了许多，让房间变得很暗淡。张女士为此很头疼，不知该如何处理。如果返工，不仅要增加预算，还要延长装修进度；不处理吧，心里又不舒服，而且颜色也影响了整个装修效果。

### 错误分析

墙漆是装修中常用的涂料，也是装饰墙面入选率很高的材料，在油漆涂刷中

经常会出现一些问题，如颜色出现色差、涂刷不均匀、墙面掉漆等。出现这样的问题，其原因一方面是购买的墙漆不合格，另一方面是刷漆工艺不过关。表现为施工人员技术差，施工过程中没有严格按照刷漆标准进行。结果导致现场没问题，日后问题频发。

## 预防措施

1. 在墙漆颜色选择上要选择比色卡上淡一些的颜色，因为经过大面积的涂刷渲染之后，色彩会比色卡上显示的颜色浓烈。当墙漆颜色与预期颜色不同，出现色差后最常用也是最简单的处理方式是刷白漆进行覆盖。需要提醒业主的是，无论怎样涂刷，涂刷几层，也不可能恢复纯白色，后面再刷其他颜色其效果往往大打折扣。如果想彻底解决问题，最可行的办法就是铲除，可是铲除又加大了工程量，所以墙漆选择一定要慎重，做到货比多家，以免费时费力又费钱。

2. 涂刷油漆时一定要按说明进行配比、涂刷，并估算好用量，要配足够的用量，以免二次配比产生色差。

3. 二手房装修中，经过检查原墙面没有裂缝、鼓包等问题，打算保留原墙面的情况下，在刷漆时要先修补、打磨原墙面，清理原墙面的旧漆面和浮尘，进行打磨后再刷粉、涂漆，这样可以避免墙面刷漆之后很快起皮。修补时尽量大面积修补，这样可以预防墙面出现色差，避免墙面变成“大花脸”。

# 第七章 哪些失误带来极大不便

很多业主因为装修常识不足，装修时很多方面不懂，致使住进去后才发现诸多不方便。本章将介绍这些会给生活带来不便的问题，让您避免这些失误，以免影响日后的生活质量。

## 49. 暖气管线全封闭 导致维修极不方便

**错误档案**

关键词：管线全封闭 维修不便

是否必须重新装修：不是必须，视情况而定

常犯错误：暖气装上牢固外罩

### 典型案例

装修时，小张让木工师傅做了暖气片外罩，还特意加固了一下，为的是以后不必拉出暖气罩搞卫生，小张对此感到很满意。一年后，小张家里的暖气突然不热了，家里的温度和室外一样，这可急坏了小张，赶紧找来维修人员检查，维修人员到达后却发现暖气罩是封死的，他告诉小张暖气片外罩需要拆掉，否则维修过程中暖气片中的水会满地乱跑，影响检修。小张虽然舍不得，但也只好把暖气罩拆掉了。过后，小张看着坏的暖气罩心疼坏了。

### 错误分析

装修时，多数业主喜欢将居室中的暖气片罩起来，或者给一些外露管线做包管处理等，并且固定得很牢固。其实，这样做只是外观整齐了些，并无其他好处，尤其是对日后的维修很不利，因为暖气管线有一定的使用寿命，随时可能出现问题，一旦需要维修或更换，就必须拆掉固定的外罩，到那时吃亏的就

是自己。

## 预防措施

1. 暖气罩一定要做成活动的，防止日后暖气不热、漏水等故障出现，便于日后检修、更换暖气片。卫生间下水管道在封闭时一定要留检修孔。

2. 如果觉得暖气片很难看，在改动暖气的申请通过后，可以请专业改暖人员更换艺术暖气。业主也可以给暖气喷上亮丽的颜色，改变暖气片笨重的形象。喷漆时，最好选用汽车喷漆或者磁漆等金属漆，用其他的漆长时间受热后易开裂。

## 原设施是否继续使用的判断标准

如果所购二手房已经安装暖气罩，可以根据以下标准判断是否继续使用：

1. 看材质。如果原有暖气罩使用的是优质材料，且做工精细，可以继续使用；反之，建议拆除更换新的。

2. 看保养程度。检查原有暖气罩表面有无刮花、裂缝，安装有无松动等问题，如果有，建议拆除更换新的。

3. 看美观程度。一些老旧的暖气罩虽然结实耐用，但造型丑陋笨重，如果业主资金充裕，建议更新。

4. 从环保角度看，在以上三点的基础上，提倡使用原有暖气罩，以减少室内空气污染。

# 50. 没有做隔音处理　使得隔断墙不隔音

**错误档案**

关键词：隔断墙　不隔音

是否必须重新装修：必须，引起生活麻烦

常犯错误：隔断墙没有做隔音处理

## 典型案例

吴女士购买的是一套小面积的二手房，两室一厅，没有书房。重新装修时，吴女士特意让出客厅的三分之一空间打了一个隔断，做成一间小小的书房。在独立的书房看书学习，吴女士觉得真是太好了。然而，吴女士的兴奋劲还没过去呢，就被书房带来的困扰难住了。原来，吴女士的书房一点都不隔音，如果有人在客厅里看电视、聊天、打电话，声音会清晰地传到书房，使得书房里的人听得清清楚楚，根本静不下心看书。而书房里稍有动静，客厅里也会知晓一切。吴女士不明白，自己找人做的隔断为什么一点都不隔音呢?

## 错误分析

房间能够隔音是因为隔断墙做了特殊的隔音处理。在装修时，许多业主在自己做隔断墙时，一方面由于缺乏这方面的知识，很难想到需要做隔音处理；另一方面是由于业主一时的疏忽忘记了做隔音处理或者是隔音材料选择不当，都会造成隔断墙不隔音的后果。

## 预防措施

1. 隔断墙需要做隔音处理，方法如下：首先，砌一堵砖墙夹心两边水泥抹平的墙。隔断墙一定要砌到顶部，然后再打通风管道或其他走线时需要的孔洞。一定要注意管路的密封问题，否则容易引起串音现象。其次，选择隔音墙板，这是专业的隔音材料，两边是金属板材中间是具有隔音作用的发泡塑料，这种墙板厚度越大隔音效果就越好。第三，采用轻钢龙骨石膏板，内填充矿棉或珍珠岩，需要注意的是，暖气管等穿墙口必须封闭。最好在石膏板的外面附加一层硬度比较高的水泥板，可以增加隔音效果，但是要注意施工工艺问题，特别是有缝隙的部分一定要密封。

2. 增强房屋原墙的隔音特性。一般民宅的承重墙采用的是钢筋混凝土或实心砖的结构，有较好的隔音效果。但隔墙采用的多是轻型空心砖或灰胶纸板，隔音效果差，因此，需要增强隔音特性，可以有以下两种方法：第一，可以拆掉原有墙壁，重新打造一堵隔音墙；第二，保留原有的墙壁，增加一堵隔音墙。第一种

方法是拆除原有的墙板，在两侧加装灰胶纸板，并在其间塞满玻璃纤维，效果很好。第二种方法是保留原有的隔墙，新加几根立柱，构成一堵其中塞有玻璃纤维的隔音墙，因为在原墙的基础上又新增了一堵墙壁，因此，隔音效果要好一些。但是，这样做会使房间的边长要减少数厘米。因此，如果室内面积不大，最好采用重新打造隔音墙的方法。

3. 如果房间临街，可以在靠马路的墙上加一层纸面石膏板，墙面与石膏板之间用吸音棉填充，然后再在石膏板上粘贴壁纸或涂刷墙面涂料。

4. 提高窗户和门的隔音效果。窗户可以采用双层窗的结构，在原有窗户的基础上再增加一扇窗户，或者是堵上已有的窗户；一般情况下，两层窗户的间隔应有20~30cm。对于门，可以选择双层防盗门，隔音效果不错。

5. 书房一定要做好隔音。在装修书房时要选用吸音效果好的装饰材料，如顶棚采用吸音石膏板吊顶，墙壁采用PVC吸音板或软包装饰布等装饰，地面采用吸音效果佳的地毯，窗帘要选择较厚的材料，都可以阻隔窗外的噪声。

## 51. 电线没穿管　更换电线难上难

**错误档案**

关键词：电线穿管

是否必须重新装修：必须，危及人身安全，维修麻烦

常犯错误：电线直接埋墙　电线不标准　电线暴露在外

### 典型案例

装修结束后，王先生一家高高兴兴地住进了新家。一次，王先生的手无意间触到了墙面，瞬间一股轻微触电的感觉从手指传到了整条胳膊，王先生很奇怪，接连试了几次，都有这种现象。王先生找来家里的电笔一试，结果让他大吃一惊——墙壁带电。这可太危险了！王先生赶紧打电话叫来了电工，在检查了屋内屋外的所有电源后，终于发现是由于一根电线埋在墙里变得潮湿而引起了漏电，

只要改线就可以轻松地解决问题了。就在电工准备换线时，新的问题又来了，墙里的电线怎么抽也抽不出来。这是因为当初改电人员在布线时电线并没有穿管，没想到现在出了这么大的难题。

## 错误分析

改电时，电线一定要先穿管再埋进墙内（图7-1），然而，许多电工并没有按这一技术规范进行，而是把电线直接埋进墙内，结果经过长时间的使用电线胶皮老化或者电线被腐蚀损坏，造成漏电，轻者烧毁电器，重者会殃及整个楼房和其他住户。而维修时又难以更换电线，只能将这一线路废弃。二手房装修前电路检查是不可缺少的一步：如果是使用时间在十年内的房子，大多数与现在房屋的强弱电系统相差不大，电路改造可以以局部改动为主；而对于十年以上二十年以内的二手房，要对它的强电系统进行优化调整；对于二十年以上的二手房，其电路可能需要彻底更换改造，对原有不符合国家用电规范的电线和老化线路进行拆除改造，重新布线。

图7-1　电线套管埋墙

## 预防措施

1. 改电时，一定要选用质量较好、线径较大的电线。

2. 电线要先穿管再埋入墙内，保证在较长时间内的线路安全。穿管前，要先在墙上开好线槽，接着电线穿管并放入槽内，最后用水泥或快干粉进行点式固定，即在一条槽上选择几个点进行封闭固定。

3. 进行电气工程时，一定要选择专业人员，电气工程要严格按照图纸和技术规范进行施工，室内布线时均应穿管铺设，管内导线的总截面面积要小于管内径总截面面积的40%，管内不要有接头和扭结。这样，一旦线路出现故障，容易进行维修和更换。

4. 更换旧线时，应先把旧线抽出来，然后穿钢丝进去，把新线捆在钢丝的一头，在另一头拉钢丝，新线很容易就穿进了管子里。该方法同样适合多根线路穿管。

## 52. 电源线与信号线同管铺设　导致打电话上网互相干扰

**错误档案**

关键词：强电　弱电　干扰

是否必须重新装修：必须，后期修补麻烦

常犯错误：强弱电同管铺设　强弱电距离太近

### 典型案例

工作两年，辛小姐就用积攒的钱购买了一套小面积的二手房。重装时，辛小姐在卧室和客厅都铺设了电话线和网络线，工作、生活真是方便多了。可是，没过几天辛小姐就觉得不对劲了。原来，每当有电话打进来时，正在工作的计算机就会受到干扰，电话接通后总是断断续续甚至会中途断线。辛小姐给相关单位打了多次电话，经过一番仔细的检查，最后才发现改电时工人把照明电线、电话线以及网络线一起穿在一个套管内铺设，导致打电话、上网相互干扰。最后，辛小姐只得重新铺设了网线，看着漂亮的房间突然冒出来的网线，辛小姐直埋怨自己当初监工不细致。

### 错误分析

照明电线是强电，而电话线和网络线属于弱电，在家装改电中，强电和弱电是不能放在一个套管内铺设的。一些工人在铺设电线时，为了省时省力，通常趁业主不注意或基于业主对此不甚明了的情况下自作主张把强电和弱电放在一个套管内，结果导致业主在日后打电话和上网时互相干扰。

## 预防措施

1. 改电时，一定请专业改电人员进行，在施工前把改电要求详细告诉施工人员。业主最好在现场监督，防止工人偷工减料把强电和弱电穿在一个套管内，出现“工人少铺一根管省时又省力，业主少掏一份钱使用不方便”的现象。

2. 要求改电人员严格按施工规范操作，强弱电应分开走线，严禁强弱电共用一个套管和一个底盒，否则日后的打电话、上网会互相干扰，同时一根套管内穿线过多也可能引发火灾。

3. 现在大部分家庭已经使用无线网络，建议使用无线网络，但是无线网络会根据距离路由器的远近或多或少的有辐射，所以如果业主比较在意辐射或者家里有小宝宝需要远离辐射，建议以使用有线网络为主，无线为辅。

# 53. 使用劣质断路器　一用电器开关就跳闸

**错误档案**

关键词：断路器　跳闸

是否必须重新装修：不是必须，后期可更换

常犯错误：断路器质量差　安装不良

## 典型案例

小孙虽然购买的是二手房，可房子的地段、楼层、户型都是无可挑剔的。房子重装时，小孙更是亲自把关，严守阵地。只等装修结束，小孙就可以在朋友圈美美地炫耀一番。没承想，入住新居几个月后，晒幸福就变成了发牢骚。原来，每次他一用电器，断路器就跳闸。早上起来后他想用微波炉热一碗牛奶，一按开关，“啪”的一声总闸跳了。晚上下班回来，本想打开热水器冲个热水澡，断路器一按又跳闸了。从装修到入住还不到一年时间，这电路怎么就不好用了呢？

每次跳闸，小张都找电工来修，但一段时间后又恢复了老样子，一使用电器就跳闸。最后，维修人员来了好几拨，跳闸的问题才得以解决。

## 错误分析

断路器频繁跳闸有以下几种原因：

1. 安装不良。各个桩头引线未接牢固，长时间松动，会引起桩头发热、氧化，烧坏导线外绝缘，并发出火花和焦味，造成线路欠压，断路器动作。

2. 断路器质量差。

3. 与负载不匹配。家庭的实际用电负载大于线路上断路器的额定电流。

4. 电器或线路漏电、短路。

## 预防措施

1. 改电时，一定要请专业人员施工。按照正确的改电步骤进行。电路施工完毕后应做24小时满负荷运行试验，开启所有的电器后，经检验合格方能验收使用。验收时，如果发现有跳闸现象，一定要让装饰装修公司彻底检查并修好。

2. 厨房和卫生间等经常用水的地方应安防水插座，以免淋水后发生短路断电。厨房、卫生间的断路器最好安装在房间外面方便开启的墙壁上，厨房中的管线要与燃气灶等热源保持安全距离。

3. 如果家庭新安装或新投入使用了空调、电热水器等大功率家用电器后，一定要使用配套的断路器。

4. 购买品牌断路器，质量有保证。

## 原设施是否继续使用的判断标准

如果所购二手房已经安装断路器，可以根据以下标准判断是否继续使用：

1. 看品牌。如果是好的品牌断路器，按钮开启闭合顺畅，可以继续使用；反之，一定要淘汰掉。

2. 看使用年限。如果使用时间较长，断路器表面已经变色，建议更换新断路器。

## 54. 选择开放式厨房 家具油腻大难以清洁

**错误档案**

关键词：开放式厨房 油腻大

是否必须重新装修：必须，严重影响生活质量

常犯错误：开放式厨房屋里油烟大 家具易油难清理

### 典型案例

叶小姐的婚房是爱人婚前所购楼房，房龄不长，室内装修精致。唯一让她不满意的就是中规中矩的中式厨房。和爱人商量后，叶小姐将厨房重新设计装修成了开放式厨房，宽敞明亮，格调高雅。每天下班后，叶小姐都会兴高采烈地在厨房里摆弄饭菜。然而，一个月后，叶小姐就再也没有进厨房的兴致了，甚至开始逃避起来。原来，每当炒菜时，油烟就会在厨房、餐厅、客厅乱窜，碰巧叶小姐喜欢吃辣，每道菜都会放点辣椒，结果辣椒一进锅，哪怕只有一丁点，都会呛得人喘不过气来。没过多久，客厅和餐厅的墙壁、沙发、壁柜、灯罩等，统统结上了一层油污，用手一抹，留下长长的一道黑色污迹。

烦恼还远远不止这些，厨房卫生成了让叶小姐头疼的事。由于厨房与餐厅连为一体，每逢洗菜做饭时，只要地上稍微有点脏，连带客厅地上也会弄得一塌糊涂，到处脏兮兮的。特别是当家里来了客人时，叶小姐既要做菜还得时刻搞卫生，每每弄得手忙脚乱，狼狈不堪。

### 错误分析

开放式厨房多见于西方家庭，是将厨房与餐厅、客厅连成一体的设计格局。不过，这种格局并不适合中国式的家庭，这是因为中国人喜欢吃煎炸炒的食物，油烟较多，在开放式厨房的环境下，容易造成卫生难以清洁的现象。

## 预防措施

在设计开放式厨房时，应当注意以下几个环节：

1. 增加换气设备。除了安装最好的抽油烟机外，在餐厅和客厅应加装换气设备，可以安装在墙面或顶棚上，吸走漏网的油烟。

2. 选用易洁材料。餐厅和客厅的墙面和地面应与厨房一样选用容易清洁的材料，地面最好选用地砖、强化地板等材料，切忌铺贴实木地板，因为实木地板容易受热气影响产生变形，缝隙间也容易沾上油污。

3. 选择简单家具。厨房、餐厅和客厅的家具式样一定要简洁大方，防止沾染油污，便于清洁。如家具用不易吸油烟的金属或木料，切忌用塑料制品。厨房周围最好不要使用布质的窗帘和家具饰品，切忌选择雕刻繁琐的木质类家具和布艺沙发。

# 55. 天窗没安装窗帘　房间像个大蒸笼

**错误档案**

关键词：天窗　窗帘

是否必须重新装修：必须，给生活带来不便

常犯错误：忘了给天窗安装窗帘

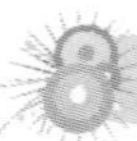

## 典型案例

小夏和老公是裸婚，因为双方父母都是普通家庭，两人又不想做啃老族。直到婚后三年，两人才攒够钱购买了一套二手阁楼，虽然是阁楼，但客厅和一间小卧室是平顶，余下的两室和餐厅是斜顶，各有一个一米见方的小天窗，在精心设计装修了一番后，二人满意地搬进了新居。因为是顶层，室内光线出奇地好。尤其是向阳的那间带有天窗的房间，暖暖的太阳照在床上，特别舒服。

两人特别喜欢天窗，因此装修时保留了天窗的原汁原味，没做任何修饰。谁知入住一年，二人就对当初的装修后悔了。原来，天窗有优点，但也有不少缺点。夏天，太阳直射进来，房间被晒得像个大蒸笼，又闷又热，还不能开窗，因为没有纱窗，担心蚊子进来；晚上，没有窗帘的遮挡，房间又太明亮根本睡不着。二人找安装窗帘的商家安装了两根窗帘杆，挂上窗帘后发现空间被压缩了好多，屋子感觉变小了很多。实在忍受不了这种压抑，不得不把窗帘杆拆了。最后又听朋友的建议在天窗的玻璃上贴了一层防晒膜，这下晚上房间内的光线变暗了，可是也彻底把太阳拒之窗外了。折腾了几次也没有好办法，二人只好又让天窗恢复了原始面貌。

## 错误分析

现在，几乎所有的楼盘都将顶层设计成了阁楼，有的平顶斜顶相结合，有的干脆都是斜顶，在这种设计下，天窗得到了最广泛的利用。天窗虽然光照好，但因为面积小，且位于头顶上方，装修时容易被忽略。多数业主在装修设计时没有考虑或忘记了给天窗安装窗帘，结果给日后生活带来了不便。

## 预防措施

1. 业主可以在网上购买天窗专用的窗帘（图7-2），安装简单，价格便宜。其材质是铝合金+防尘棉，半透光，有多种颜色可以选择。买回来后直接安装在天窗上，来回拉动自如。

2. 业主也可以自己在天窗的上下或左右位置安装两根不锈钢钢管或钢筋，把窗帘两端包裹缝合，打开时左右或上下拉开便可。

3. 安装隐形纱窗，在通气状态下，斜窗可以开30° 左右，足以解决室内通风的问题。

图7-2　天窗专用窗帘

## 56. 厨房插座少　电器使用不方便

**错误档案**

关键词：插座少

是否必须重新装修：必须，带来生活麻烦

常犯错误：厨房插座留的少　插座不够用

### 典型案例

黄先生家的楼房已经住了十几年，趁着女儿上大学期间，夫妻二人决定重新装修一下房子。考虑到住了这么多年，厨房电器一直没有增加，黄先生只在厨房里安装了3个插座，预留了2个备用。谁知随着生活条件的好转，家用电器越来越多，洗碗机、消毒柜、电烤箱、电磁炉，逐渐都买了回来，厨房的插座明显不够用了（图7–3），有时一个插座要供好几个电器使用。最不方便的是，有的电器还需要拉好长的线才能接上插座。想到再添加电器就要放到客厅里，黄先生很后悔当初没有多预留一些插座。

图7–3　不够用的厨房插座

### 错误分析

很多二手房的厨房插座设计的都比较少，随着生活质量的提高，各种各样的家用电器，如烤箱、洗碗机、消毒柜、厨房多功能机、垃圾处理器等都走进了厨房，结果导致厨房的插座不够用，给生活带来很大的不方便。

## 预防措施

1. 厨房插座设计一般分为外插座和隐藏式插座两类。外插座，即插座面板设在橱柜柜体的外边；隐蔽式插座，即指插座掩藏在柜体内，单从外观上看不到。从美观方面考虑，台面与吊柜间不宜留太多插座，否则容易使厨房变得凌乱。因此，设置一些隐藏式插座非常有用。隐蔽式插座设计因对应的电器不同，设置的方位也各有差异。如冰箱对应的插座通常设在离地面的30cm处，不要靠近压缩机，一般会放在冰箱右侧面。此外，可以在餐桌下方设置备用插座。橱柜台盆下可以留个插座，用来装小厨宝或下水垃圾处理器。切忌在燃气灶下设置插座。

2. 厨房是住宅中电器最多的地方，选购插座时，除了要考虑使用性能外，还应有防潮、防水保护等，否则，一旦出现损坏，只能找专业电工修理。业主切忌自己动手修理，以免发生意外事故。

3. 如果厨房电器多，且使用电器功率大，一定要考虑节能。可以为每个插座安一个弱电系统控制，再在进门处安装一个总开关，可以同时操控多个插座。当家人都外出时，只要按下总开关，电器便会呈现休眠状态，省电又安全。

# 57. 包管没做隔音处理　卫生间传出流水声

**错误档案**

关键词：卫生间包管　隔音处理

是否必须重新装修：必须，存在噪声，影响生活质量

常犯错误：包管没有做隔音处理　不隔音

## 典型案例

入住新居的头一天，龙先生正准备睡觉，突然听到卫生间传来“哗哗”的流水声，在寂静的夜里，水声显得格外的清晰刺耳。卫生间的淋浴、水龙头都关了，哪来的水声呢？龙先生走进卫生间仔细听了一会儿，发现声音是从封好的下

水立管传出来的，原来是楼上住户在排放污水。从此，龙先生每天都会听到“悦耳的音乐”，好好的睡意总是被水声冲得无影无踪。

### 错误分析

家庭装修中，多数业主都会做好墙、门、窗的隔音处理，却忽视卫生间下水立管中的噪声处理。结果在施工中对下水立管只做了简单的包管，并没做隔音处理，导致楼上排污水时清晰地听到“哗哗”的流水声。此外，一些施工人员认为立管主体已经被轻体砖砌起来根本不需要做隔音，只需将顶棚位置做密封就可以，结果使得楼上下水噪声问题显现出来。

### 预防措施

1. 进行卫生间或厨房装修时，一定要对管道做隔音处理，降低楼上下水噪声。首先，要将卫生间或厨房的下水管道整根全部封闭，不能只做局部处理。其次，卫生间立管四周要用隔音板或者隔音棉等有隔音功能的材料完全封闭，然后再做防水贴砖。包管时尽量不要用木龙骨，防止木龙骨泡水膨胀，导致包墙开裂。

2. 如果阳台上设有下水管，也需要做好隔音处理。

3. 选购隔音材料时，一定要选择质量可靠的产品。因为传统的隔音材料中常含有一些对身体有害的物质，因此，选用质量上好的隔音材料，可以降低有害物质对人体的伤害。

## 58. 同时铺地板和地砖　没有消除高度差

**错误档案**

关键词：地板　地砖　高度差

是否必须重新装修：必须，给生活带来麻烦

常犯错误：地板和地砖的铺设不在同一水平线　存在高度差

## 典型案例

杨先生家重新装修时，客厅地面选用了瓷砖，卧室铺设了复合木地板。装修结束后，杨先生发现地板与地砖之间的高度竟相差3cm！每次走到这一交接处，稍有不注意，脚脖子就会被崴一下，很不舒服。一次，杨先生的父母来小住，两位老人竟然都被绊了跟头，重重地摔在地上。杨先生寻求补救方法未果，最后只得在地面上铺了一块厚厚的地毯，尽可能地减小地面上出现的高度差，同时也提醒家人小心地面。

## 错误分析

通常情况下，在铺复合地板时，如果在地板下加了龙骨，铺出来脚感会很不好，感觉忽高忽低，因此，多数业主会选择不加地龙骨，地板直接铺在找平的地面上，结果客厅和卧室之间就出现了高度差。这是因为复合地板与地砖本身的厚度就相仿，但铺设瓷砖需要水泥垫层，一般不低于瓷砖厚度的1.3倍，因此这两材质的衔接就会出现高度差（图7–4）。

图7–4 地面高度差

## 预防措施

1. 如果在居室中铺设两种不同的建材，如地砖和地板，在铺设前，一定要详细询问施工人员有关铺设技术和铺设后的效果，以及二者之间是否有高度差等，然后再确定铺设方案。

2. 在铺设地板时，最好在地板下面铺设衬底板，以减小高度差。

3. 在地砖和地板相接处可以用大理石接口或者使用金属扣条。用大理石过渡时，与地板接触的一边要磨成斜坡,这样过渡就自然一些。扣条有铜扣条和铝合金扣条，颜色有金、银、亚光、抛光，式样及粗细也有多种选择，业主可以

选择和地板同样的颜色。施工时，一定要严格按照规范来做，避免日后扣条翘起或脱落。

## 59. 地漏排水处不是最低　卫生间“水漫金山”

**错误档案**

关键词：地漏　积水

是否必须重新装修：必须，引起“水灾”

常犯错误：地漏没有设在最低处

### 典型案例

租住了好多年房子，宋女士和丈夫终于省吃俭用购买了一套二手房。装修时，宋女士兼设计、采购、监工于一身，辛苦一月，终于搞定。入住新居后，宋女士第一件事就是冲一个热水澡，可是冲完后她发现地面上全是水，有的地方积存的污水都漫过了拖鞋底。宋女士拿起拖布试着把水顺到地漏处，随着“哗哗声”，污水流入地漏顺着管道冲走了。既然地漏是通畅的，地面上的污水为什么还会积在地面上呢？宋女士仔细一看，才发现地漏的周围并没有积水，而地面的其他地方却有很深的积水。这时，宋女士突然想起在装修时施工人员没有把地漏安装在地面最低处，自己虽然发现了，但不想再返工。没想到这么一个很小的细节，现在却影响这么大。

### 错误分析

地漏位置的选择应是安装人员懂得的最基本、最重要的知识。然而，装修时，多数施工人员会忽视这一基本常识，而业主监督往往不细致，即使在验收时发现地漏没有位于地面最低，也通常会认为是小事而不要求返工，结果给以后的生活带来很大的不方便。

## 预防措施

图7–5 地面最低处的地漏

1.《建筑给水排水设计规范》（GB 50015—2003）第4.5.7条、4.5.8条规定：厕所、盥洗室等需经常从地面排水的房间，应设置地漏。地漏应设置在易溅水的器具附近地面的最低处（图7–5）。

2. 由于卫生间总要跟水打交道，因此卫生间地面一定要尽可能多做地漏，以方便排水。通常在洗手盆下水处、淋浴区、洗衣机旁和坐便器旁都要安装地漏。

3. 卫生间装修完后，一定要做排水检测。在卫生间蓄一些水，然后放水，看地面是否有积水现象。如果没有积水存在，说明地漏安装在了卫生间的最低处。

# 60. 智能布线忽略了卫生间　日后生活多有不便

**错误档案**

关键词：卫生间　智能布线

是否必须重新装修：必须，用网不便

常犯错误：卫生间没有智能布线

## 典型案例

方先生在单位附近购买了一套二手房。重装时，因为自己的工作和网络息息相关，方先生设计了整套房子的智能布线时，考虑到卫生间只是生活中的便利之地，在里面呆的时间很短，因此排除了卫生间内智能布线的需要。入住后，方先生才发现卫生间是一个很好的私人空间。因为他是一个工作非常忙碌的人，在上卫生间的时间或者泡澡的时候希望能处理一些事情或者看看电视休闲一下，所以很是后悔当初智能布线时没包括卫生间。

## 错误分析

装修时，一些业主考虑到智能布线家里暂时用不上，因而会拒绝这一设计，结果给日后使用时带来很大的不方便。现代生活中，智能家具将越来越多地走进众多人家，我们可以在卫生间上网、网络洗衣机，在餐厨空间中布置有线电视信号线、网线及电话线，利用炖熬煎炸的空隙时间上网浏览信息，看看电视节目等。因此，在装修时，消费者应该全方位考虑智能布线，会给今后使用的潜在可能带来极大方便。

## 预防措施

1. 在进行综合布线设计时，要考虑到居室内所有需要安装现代电器的位置，如电话、网络、家电、有线电视和影音接口、灯光控制门磁、可视对讲门铃、网络监控、家电远程控制等。

2. 做智能布线时，最好请专业的家庭布线公司，签订详细的预算合同，避免落入圈套。签合同时一定要要求设计师出具施工图和详细的预算方案。选择电源线时，一定要选择国家标准线，避免因超负荷而引起的连电短路而毁坏设备；在选择电器元件时，要选知名品牌。

在实施综合布线过程中，施工方式基本与家中电线暗埋的隐蔽工程相似。所有线路都应套管，不同类型的线严禁共用管道。大功率电器如空调、整体浴室、电热水器等，在购买时要检查是否有保护装置，并配置相应的剩余电流断路器。

# 61. 露台上没水　养花浇水难

**错误档案**

关键词：露台　养花

是否必须重新装修：必须，给生活带来很大麻烦

常犯错误：露台没有安装水管

## 典型案例

许女士购买的二手房有一个大大的露台，装修时，许女士保留了露台的原始风貌，打算日后将其作为自己舞剑练拳的场所。入住后，许女士在露台上摆放了各种各样的花，露台成了一个小小的花圃。然而，这些长势茂盛的花却给许女士带来了不小的麻烦。原来，装修时许女士忘记在露台上设置水电，导致露台上没有水龙头，现在，她只能从卫生间把水一桶桶地拎到露台上，花盆又大又多，等花喝饱后，许女士也累得直不起腰了。

## 错误分析

阳台和露台是日后晾晒和养花的地方，水源必不可少，但由于开发商设计错误这两处通常会出现没有水电的情况，而一些业主在装修时又会忽视这一点，结果造成了本案例中不必要的麻烦。因此，考虑到日后生活方便，业主最好通过改水改电项目对露台水电实施改造，避免造成这一装修漏点。

## 预防措施

1. 露台一定要铺设水管，安装水龙头，方便日后使用。同时，露台墙面和地面一定要做防水处理。

2. 露台水电施工时应注意：所有的露台水电由室内通过的管道都要进行封堵处理，防止水流渗透房间。电路部分，应在露台插座的最高处设置分线盒，所有露台电源由此分线盒接出，防止水流从电线管道进入房间。

3. 如果露台需要直接在楼板上种植花草时，一定要做种植屋面防水。首先要确定种植土壤，根据不同要求确定厚度。一般花草类的，200mm即可；小灌木300~500mm。其次，要铺设过滤布和保温层，保护土壤温度，阻挡土壤流失。必须留有清掏雨水口的地方。种植屋面要向雨水口找坡，坡度为2%即可。

4. 露台做地面防水时，设计、施工一定严格按照规范进行。施工前必须由结构工程师核算楼板的荷载，并选择有资质的专业队伍施工。

## 62. 忘了安双控开关　开灯关灯两头跑

### 错误档案

关键词：双控开关

是否必须重新装修：必须，给生活带来麻烦

常犯错误：不了解双控开关，未安双控开关

### 典型案例

装修结束后，纪先生夫妇高高兴兴地搬进了新居，虽说是二手房，可装修完了跟新房没两样。可时间一长，他们就觉得有一点很不方便，那就是睡觉前关灯。原来，卧室灯的开关在门口，纪先生夫妇二人有睡前躺在床上看书玩手机的习惯，本来两人都已经躺在了床上，结果要睡觉了却还得有一个人起来下地关灯，再摸黑爬到床上。夏天还好，冬天可就惨了，两人谁都不愿意去，最后两人决定猜拳，谁输了谁去关灯。更不方便的是，纪先生的新居有两层，卧室在楼上，晚饭后上楼时，都要打开楼梯灯，到了二层却发现楼梯灯还没有关，只能下去关闭了楼梯灯，可这样一来楼道又变黑，结果是要么摸黑上楼，要么让楼梯灯开一宿。

### 错误分析

双控开关一般应用在楼梯上下口或走道的两头等两个不同的地方，能各自独立控制同一盏电灯的开与关。

造成没有装双控开关的遗憾，一方面是部分业主并不知道有双控开关；另一方面虽然施工人员提醒业主安装双控开关，但一些业主误以为是装修队有意多要钱，因为改成双控灯需要走很长的线路，所以他们往往一口拒绝，结果没有安装双控灯给日后入住带来很大不方便。

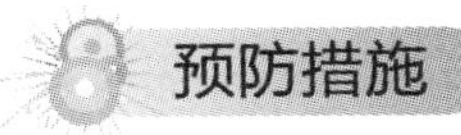

## 预防措施

1. 卧室一定要安装双控开关，实用方便，门旁一个开关，床边一个开关，避免冬天躺在床上再起来关灯。

2. 装修过程中多与设计师和电工人员沟通，找到适合自己家的装修方案。如果做不了双控灯，可以在顶灯上安装控制器，把顶灯变成遥控灯，更加方便实用。

3. 在家庭中需要装双控开关的灯主要有以下几种：卧室灯，最好在床头和进门口分设双控；长通道灯源，在通道两端要分别留有控制开关；台阶上下的灯源，楼道间照明要在台阶两端装双控开关。使用带荧光的开关方便在黑暗通道里使用。

4. 如果室内楼梯处没有安双控开关，可以安装声控灯。其他居室没有安装双控灯，又不想改双控线路，可以使用无线遥控开关，它有一个墙上电源开关，配一个移动遥控开关，即节省又不会因多埋设线路而引起线路故障。

# 63. 门吸距离柜门太近　导致柜门不能完全打开

**错误档案**

关键词：门吸

是否必须重新装修：必须，影响其他家具物品的使用

常犯错误：门吸位置不当

## 典型案例

购买的二手房在重新装修时，汤小姐在主卧门后的墙上打了一组嵌入式大衣柜，衣柜的宽度恰到好处，卧室门正好可以完全打开。可是入住不久，汤小姐就发现存放在底柜里的东西特别不好取。原来，门吸紧挨衣柜门，导致柜门只能开

到一半，另一半被门吸挡住了方向，取东西时，汤小姐只好把胳膊使劲往里伸，乱翻一气才能找到要找的东西。门吸已经固定死，衣柜又不能移走，最后汤小姐只好把这个柜子腾空，再也不往里存放东西了。

## 错误分析

门吸占据的空间非常小，一些业主通常会忽略它的存在。如果在门的背后安装大衣柜或者带有抽屉的家具，这时业主就要考虑门吸的位置是否会阻碍柜门的打开或者抽屉的拉出。在安装门吸时，最好把柜门、抽屉打开后再确定门吸的具体位置，避免门吸安装后阻碍柜门或抽屉的打开。

## 预防措施

1. 安装门吸时，要先将门完全打开，'看门锁、门板会不会碰撞墙面或其他物体，然后测量门吸的准确位置。如果门后置有带柜门或抽屉的书柜或衣柜，要以门吸不阻碍柜门或抽屉的打开为准。

2. 门吸有地吸和墙吸两种，分别安装在地面或者踢脚板及墙上，二者各有好处。使用地吸时，开关门用力可大可小比较放心，缺点是一旦安装时弄坏了地板损失较大；墙吸可以安装在踢脚板或者钉在墙壁上（图7–6），但是在吸力太强和长久使用的情况下，踢脚板容易剥离墙壁掉下来，当然更换一块踢脚板要比更换一块地板省力省钱。

图7–6　直接钉在墙壁上的门吸

3. 根据门板与被碰撞墙面、物体的间距来决定购买门吸的种类、规格，首选金属质地的门吸。

## 64. 洗漱台不分高低　宝宝洗手不方便

**错误档案**

关键词：洗漱台　一高一矮

是否必须重新装修：必须，有助于从小培养宝宝的自立能力

常犯错误：洗漱台没有做成一高一矮 宝宝洗手不方便

### 典型案例

王女士和丈夫是在婚后两年才拥有自己的房子，是一套各方面条件都很不错的二手房。装修时，夫妻二人很是下了一番功夫，又是上网查资料，又是跑设计公司，功夫不负有心人，装修好的房子得到了朋友同事的一致好评。小两口也觉得自己的房子几乎就是完美无缺的。然而，随着女儿的出生长大，小两口逐渐发现当初装修设计时还是有一个大遗漏。遗漏点就是卫生间没有安装高低洗漱台，宝宝洗手洗脸很不方便。原来，每次女儿要洗手洗脸时，都得爸爸妈妈抱着洗。女儿刚满两岁，身高刚好到洗漱台，小家伙倒是很想自己洗手，可即使踮着脚尖努力伸出小手也还是够不到水流。踩着小凳，又怕她摔下来。夫妻二人原本还想培养女儿的自立能力，让她自己洗手洗脸。试了几次只好作罢。后来，带着女儿去朋友家做客，看到对方卫生间里的一高一矮两个洗漱台，二人这才发现当初装修的漏洞在哪儿。女儿很喜欢那个洗漱台，玩一会儿就自己跑到卫生间打开水龙头认真地洗手。看到这儿，两人羡慕得眼睛都大了。

### 错误分析

本案例中王女士一家的烦恼并不是个别现象，现实中几乎在每个有小宝宝的家庭中都曾上演，不仅家长烦，还限制了宝宝们的动手能力的发展。目前，多数家庭在装修时都是安装一个洗漱台，忽略日后家有小孩后的使用情况。只有在一些公共场合的卫生间可以看到专门为孩子设计的洗漱台，如大型商场、酒店、饭

店，以及肯德基、麦当劳等孩子们愿意去的快餐店。这种高矮两个洗漱台特别适合家有小孩子或是刚结婚尚未有宝宝的家庭，可以在孩子会走路时就培养孩子自己洗手洗脸刷牙的自立能力，甚至是培养孩子自己洗小手绢、小袜子等。

### 预防措施

1. 如果是婚房在装或者是家有小宝宝的家庭装修，建议安装高低洗漱台，为日后小宝宝自己洗手洗脸做准备。

2. 安装高低错落的洗漱台时，最好将其设计成分体式，以便日后孩子长大后可以拆除。

3. 如果卫生间空间狭小，没有空间安装高低洗漱台，可以在改水时预留一个低矮的水龙头，需要时只要在下面单独放置一个盆，就成了临时的洗手台，既可以方便孩子洗手洗脸，还方便清洗拖布。

## 65. 水龙头出水口向内倾斜　使用很不方便

**错误档案**

关键词：水龙头　向内倾斜

是否必须重新装修：不是必须，只是洗脸不方便

常犯错误：水龙头安装不到位向内倾斜

### 典型案例

王小姐是位小学老师，工作一年后在家人的资助下，搬进了新居，新居距离学校很近，再也不用早起挤公车了，同事们对她羡慕不已。可是近来王小姐不再向同事们炫耀她的新居，而且到学校后她总是闷闷不乐。同事们再三询问，王小姐才道出了实情。原来，家里卫生间的水龙头出水口向内倾斜，每天早上洗脸时她都要把手和身体使劲往前伸，有时一抬头后脑勺就会撞到水龙头上，疼得她直叫。

## 错误分析

在装修中，安装水龙头是一个很小的环节，因此，多数业主认为水龙头安装好后能够出水就行了，而忽视了检查出水口方向是否向内倾斜，结果导致日后使用时才发现很不方便，每当洗脸或洗发时，都需要把双手和身体尽量往前伸，一不小心还容易磕着头和手。

## 预防措施

1. 水龙头安装后，首先要仔细查看其出水口的方向，如果出水口方向向内倾斜，一定要让工人调整方向或者重新安装；其次，业主最好亲自试验出水时洗脸洗手是否方便。

图7–7 瀑布式水龙头

2. 选购水龙头时，一定要选择产品及其包装上标有明确可靠标识的产品，切忌购买价格便宜而包装上无明确可靠标识的产品。水龙头从使用功能上分为浴缸水龙头、面盆水龙头、厨房水龙头三种，不同用途的水龙头最好分开购买。在质地上，最好选择亮铬水龙头，这种产品在加工工艺上较成熟，挑选时首先可以用手指使劲按其表面，指纹蒸汽快速消失的说明水龙头镀铬的质量较好。其次，用手轻轻转动或扳动手柄，水龙头轻便、灵活无卡阻感。再次，检查水龙头各连接部位有无松动，防止日后水龙头渗漏。

3. 水龙头的样式多种多样，外观大方漂亮，如卫生间的水盆就可以选择艺术性很高的瀑布式水龙头（图7–7），很方便清洗头发。

## 原设施是否继续使用的判断标准

如果所购二手房已经有了水龙头，可以根据以下标准判断是否继续使用：

1. 看材质。如果是高档优质水龙头，使用时间不长，可以继续使用；反之，一定要淘汰掉。

2. 看使用率。检查水龙头水嘴的水垢，如果水垢很少，出水口很干净，说明

使用率很少，可以继续使用；反之，建议更换新的水嘴或整体更新。

3. 看保养程度。检查水龙头表面有无生锈、腐蚀等问题，安装有无松动，开关是否顺畅，如果保养都很好，可以继续使用；反之，建议更换新水龙头。

4. 看方便程度。主要是看水龙头的开启方式是否使用方便。常见水龙头的开启方式有螺旋式、扳手式、抬起式和感应式四种，第一种使用时需要旋转很多圈，很不方便；第二种次之，后两种使用比较方便。如果是前两种建议淘汰掉，如果是后两种，可以保留。

**水龙头品牌推荐**

1. 九牧——九牧厨卫股份有限公司
2. 科勒——美国科勒（中国）投资有限公司
3. 摩恩——美国摩恩（中国）有限公司
4. 希恩——广东希恩卫浴实业有限公司
5. 汉斯格雅——斯格雅卫浴产品（上海）有限公司
6. 高仪——德国高仪集团
7. 朝阳——广东朝阳卫浴有限公司
8. 华艺——广东华艺卫浴实业有限公司
9. 康立源——康立源卫浴实业有限公司
10. 高斯——高斯卫浴集团

## 66. 楼梯木质踏步安装时没有留变形空隙　导致踏步变形

**错误档案**

关键词：木质楼梯　变形

是否必须重新装修：不是必须，视情况而定

常犯错误：木质楼梯安装未留缝隙

## 典型案例

王先生买了一套复式楼房，装修时，设计师为王先生特意设计了以暖色为主的装饰风格，因此，在装饰室内楼梯时，王先生选用了富有暖色的木质踏板。可是，住进新居不到一年，王先生在一次打扫卫生时，无意中发现木质踏板竟变了形。这可是上等的实木，怎么还不到一年就变形了呢？王先生觉得自己上当受骗了。

## 错误分析

现代住宅越来越多样化，多数都带有室内楼梯，因此，装饰楼梯就成了装修中重要的一环。楼梯的种类有木制、铁艺、石材、玻璃和不锈钢等多种，其中木质楼梯受到众多业主的喜爱。木材本身有温暖感，施工相对也较方便，而且与地板材质和色彩容易搭配。但是木质楼梯容易开裂，如果安装时没有留变形空隙，或日后保养不当，都会造成楼梯开裂。

## 预防措施

1. 选购楼梯时，踏步之间的高度为15cm、踏板宽度为30cm、长度为90cm是比较舒适的楼梯，栏杆的高度应保持在1m，栏杆之间的距离不应大于15cm，质量好的楼梯每个踏步的承重可以达到400kg。

2. 对于原本有基础结构的楼梯，业主可根据喜好选择各种材质的装修材料，一般以实木和石材为主。实木楼梯主要用花梨木、榉木、橡木等各种木材，但木质楼梯容易开裂、不易保养，价格也是最贵的，安装时需要留一些变形空隙。

3. 水泥基础的楼梯在装饰之前，要先用大芯板把楼梯台阶包出来并固定好，然后再安装木质踏步材料，使得大芯板和木质踏步之间紧密结合，楼梯平整稳固。

4. 对于木质楼梯踏步板,一定要注意材质、工艺、油漆等方面。而且一定要选择实木指接板，经过指接处理的踏步板，不易变形开裂，经久耐用。

5. 木制楼梯要防潮、防蛀、防火。木制楼梯一旦受潮，木制构件就容易变形、开裂，油漆也会脱落。因此，日常清洁木制楼梯时，切忌用大量的水擦洗，用清洁剂喷洒在表面后再用软布擦洗干净即可。其次，要防止虫蛀。在安装楼梯

时，可事先在水泥踏步上撒一些防虫剂，要保持楼梯的干燥，切勿受潮。要经常检查各部件连接部位，防止松动或是被虫蛀蚀。

6. 为避免木制踏步板在使用一段时间后出现局部的严重磨损，可在楼梯廊道中央踏步上铺设一条地毯，保护楼梯的同时，还可以保护老人和小孩不被滑倒。

### 原设施是否继续使用的判断标准

如果所购二手房安装了木制楼梯，可以根据以下标准判断是否继续使用：

1. 看材质。如果原有木制楼梯使用的是高档木材，且原主人经常护理，保养较新，可以继续使用；反之，建议拆除更换新楼梯。

2. 看保养程度。检查木质楼梯有无磨损、塌陷、脱漆、虫蛀、变形、开裂等问题，检查各部件连接部位是否松动，如果有轻微的问题，可以找专业人员进行修复；如果问题严重，建议拆除后安装新楼梯。

3. 看美观程度。如果原有木质楼梯造型美观大方，色彩符合装修风格，可以继续使用；反之，建议更换新的。

4. 从环保角度，如果符合以上三点，在不存在安全隐患的前提下，提倡使用原有楼梯。

## 67. 省小钱没换好地漏　返臭味后悔莫及

**错误档案**

关键词：地漏　返味

是否必须重新装修：不是必须，可以后期更换

常犯错误：低档地漏返味

### 典型案例

这几天，郭小姐每天都要在卫生间里喷大量的空气清新剂。入住新居后，郭

小姐每隔几天就会在卫生间里闻到一股恶臭。开始她以为是家人用过坐便器后忘了冲水，可时间一长她发现并不是自己想的那样，有时家人外出只留她一人，卫生间照样散发出浓浓的恶臭味。郭小姐只好在卫生间放置大量的空气清新剂来掩盖臭味，没想到恶臭却丝毫不受遮掩。郭小姐以为是坐便器出了问题，于是要求厂家维修。维修人员在检查坐便器后终于找到了臭味的来源——地漏返味。原来，郭小姐购买的是使用仅一年的二手房，房子在开盘出售时是属于精装修户型，因装修保养良好，郭小姐购买后并没有进行重装，卫生间的地漏还是开发商赠送的。没想到这个小小的东西竟然带来阵阵恶臭。

## 错误分析

地漏作为住宅中排水系统的重要部件，一直被业主忽视，造成地漏返味的后果。首先是业主对地漏缺乏认识，简单地认为地漏只是承接地面的散水就可以了；其次，现代住宅中往往由开发商统一配置地漏，因此，多数业主为省事拒绝更换成中高档地漏。殊不知这些地漏属于塑料制品，防臭能力差，质量远不如不锈钢、铜地漏，结果这些廉价的低档地漏在用过一段时间后就会返味（图7–8），严重影响卫生间空气质量。

图7–8　返味的劣质地漏

## 预防措施

1. 了解地漏的重要性。地漏是连接排水管道系统与室内地面的重要接口，它的性能好坏直接影响室内空气的质量。选用中高档地漏，可以有效地防止返味。而低档的地漏，虽价格便宜，但很容易造成泛臭。因此，即使开发商已经安装了地漏，业主最好更换一个优质的防臭地漏，如不锈钢、铜地漏，避免日后劣质地漏返味。

2.《建筑给水排水设计规范》（GB 50015—2003）对地漏设置了如下规定：

（1）厕所、盥洗室、卫生间及其他需要经常从地面排水的房间，应设置

地漏。

（2）地漏应设置在易溅水的器具附近地面的最低处。

（3）带水封的地漏水封深度不得小于50mm。

（4）地漏的选择应符合下列要求：应优先采用直通式地漏；卫生标准要求高或非经常使用地漏排水的场所，应设置密闭地漏。

3. 密封下水管连接部分。由于下水接口处都在比较隐蔽的地方，装修完工验收时容易忽视。一旦没有严格的密封日后就会成为下水道臭味进入室内的通道。因此，正确的施工方法是将接口处的缝隙用玻璃胶或其他胶粘剂封住，使气体无法散发出来。密封好的地漏可以防止病毒、病菌和有害生物从排水口进入室内。

## 原设施是否继续使用的判断标准

如果所购二手房已经安装了地漏，可以根据以下标准判断是否继续使用：

1. 看材质。如果原有地漏是优质金属材质，如不锈钢、黄铜等，且使用时间不长，可以继续使用；反之，一定要淘汰掉。

2. 看功能。 检查原有地漏是否是防臭地漏，如果是，且防臭效果优，可以继续使用；反之，一定要拆除再安装防臭地漏。

### 地漏品牌推荐

1. 辉煌地漏——福建辉煌水暖集团
2. 九牧地漏——九牧厨卫股份有限公司
3. 伟星新材——浙江伟星新型建材股份有限公司
4. 埃美柯地漏——宁波埃美柯有限公司
5. 菲时特地漏——菲时特集团
6. 帝朗地漏——帝朗卫浴（广州）有限公司
7. 潜水艇地漏——北京润德鸿图科技发展有限公司
8. 汉方欧芬地漏——青岛汉方电子科技有限公司
9. 惠东地漏——北京市惠东塑料制品厂有限公司
10. 埃飞灵地漏——埃飞灵卫浴科技有限公司

## 68. 厨房烟道施工不严密　导致烟道返味

**错误档案**

关键词：烟道　返味

是否必须重新装修：必须，影响生活质量

常犯错误：烟道施工不严密

### 典型案例

自家房子重新装修后，王女士变得不愿下厨。重装前，王女士最喜欢的就是下厨为家人做一大桌好菜，现在怎么反倒不愿做菜了呢？原来，每当家家户户都开始做饭时，楼上楼下厨房油烟就会从烟道倒灌进王女士的厨房里，飘出很浓重的油烟味，赶上自己正做饭，当闻到从烟道窜进的油烟后，做菜的兴致顿时就没有了。为此，一到烧饭时间，王女士就打开换气扇、抽油烟机。除此之外，厨房只要一天不清洗就会有层油腻，油烟机很短时间内也会粘满污油，甚至还会一大滴一大滴地往下滴。

王女士找人检修过几次，却始终没能解决。王女士心里觉得堵得慌，早知这样，当初还不如不重装厨房呢？想想住一辈子的房老闻着别人家的油烟味，什么时候是个头啊？

### 错误分析

在现代住宅中，通风烟道是公用的，楼内一个单元统一安装烟道，住户先将厨房油烟排到烟道，再从烟道排到室外。装修时，由于施工人员对厨房烟道处理疏忽，如在安装抽油烟机时，抽油烟机的管道与排风口连接不紧密，或者烟道周围出现裂纹没经认真处理就直接在表面贴砖，都会造成烟道的油烟从缝隙里钻出来。

## 预防措施

1. 厨房铺贴瓷砖之前，要仔细检查厨房烟道口周围是否存有空隙或裂缝。厨房墙壁包括烟道在贴砖之前都要进行挂网处理，以保证墙砖与墙壁的黏结程度。烟道的管壁通常较薄，因此在使用螺钉或胀塞固定金属网时，一定要避免将烟道打坏，否则，贴砖后浓烟就会从烟道涌出顺着缝隙流窜出来。

2. 在抽油烟机与烟道之间的适当位置增设一道密封功能好的风动闸门，闸门在动力的作用下自动开放，不用时自动关闭，可以隔断烟道中的异味进入厨房。

3. 购置一台防止回风的油烟机，确保烟雾单向从烟道排走，而不能由烟道中返流入室内。排烟管安装好后，要用胶将排烟管与烟道之间的缝隙封严，防止日后窜烟。

# 69. 空调洞向里倾斜　导致雨水倒流进来

**错误档案**

关键词：空调洞　雨水倒流

是否必须重新装修：必须，严重的会毁坏墙面

常犯错误：空调洞向里倾斜

## 典型案例

朋友一家要去外地发展，乐女士接手了朋友的房子。简单装修后，乐女士一家兴冲冲地搬进了新居。这天，外面下起了雨，乐女士一家人围坐在一起谈天说笑，无意中，乐女士一抬头瞥见墙上挂着的空调下面有一道暗印，她上前仔细一看，才发现原来是一道水印，墙上哪里来的水呢？一家人研究了半天也没弄明白。于是，乐女士打电话给物业管理，物业人员察看了一番告诉乐女士：这雨水是顺着空调洞流进来的，应该是乐女士装修时工人在打洞时向里倾斜，结果使得雨水顺着空调洞流进了家里。看着被雨水冲过的墙面，一家人也没有什么好办法可想。

### 错误分析

本案例中的装修漏点在于打空调洞时洞口向里倾斜，结果使雨水倒流进室内。

### 预防措施

1. 打空调洞时，一定要叮嘱工人空调洞向外倾斜，内墙洞口高于外墙洞口，形成一个小坡度，防止雨水流进室内。

2. 购买品牌空调。选购空调时，应该去大型家电超市或专卖店购买大品牌的空调，如美的、格力、海尔等，其质量、售后服务都有保证。

3. 确定安装位置。空调应安装在利于通风的位置，室外机应安装在通风散热良好，无灰尘油污，不被太阳直接照射的位置，应尽量低于室内机，最好是安装在混凝土横梁处的外墙上，这样不仅最牢固，噪声也最小，也利于今后的维护保养。

## 70. 电线槽开好后未拍照　日后修理不方便

**错误档案**

关键词：电线槽　拍照

是否必须重新装修：必须，影响用电，给生活带来很大不方便

常犯错误：电线槽未拍照

### 典型案例

张先生家的老房子终于要重新装修了，想起这几年各种电线乱拉、房间一团糟的惨相，重装时，张先生在地面上、墙上布了许多线，客厅、三间卧室、厨房、卫生间都布了网线、电话线、有线电视线等，以免将来用得上了却没有而留下遗憾。装修结束后，张先生家墙里和地面里像网一样的电线大部分都派上了用

场，想到自己的英明选择，张先生为之高兴。一年后，张先生遇到了一个大麻烦，客厅里的网线、电话线突然间坏了，张先生找人修了好几次都无果而终。维修人员告诉张先生，可能是埋在墙里的线出了问题，可是这根线在哪儿呢，张先生自己也不知道了。如果当初用照相机把布好的线槽拍下来，那该多好啊。想到这儿，张先生真是后悔莫及。

## 错误分析

布线是现代装修中重要的一个环节，许多业主为了日后使用方便，装修时都会让装修公司提前设计好线路，然后请专业电工在墙上、地面上开线槽，埋管，布线。然而，大多数业主都忽略了一点，那就是线路布好后要画下线路图或者用相机拍好开线槽，不然一旦日后出现问题，埋在墙里和地面的线路就会像藏宝路线一样难找。

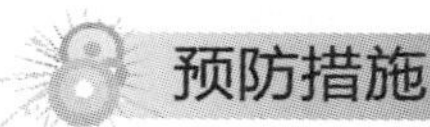

## 预防措施

1. 电线槽开好后，一定要用相机拍下整个画面，也可以将线路详细画在纸上，并标记好准确位置，以备日后修理。

2. 电线一定要套管后再埋。购买穿线管要有合格证书，穿线管应用阻燃PVC线管，其管壁表面应光滑，壁厚要求达到手指用劲捏不破的强度，也可以用国家标准的专用镀锌管做穿线管。

3. 埋在线槽里的电线一定要选择好的电线，挑选电线时可以从以下几点入手：

（1）看外观。电线属于国家强制认证的“CCC”产品，因此，购买时一定要选择带有此标识的电线，还要注意电线上的产品名称、厂名、商标、规格型号等。

（2）看绝缘层。好的电线的绝缘层柔软、有韧性和伸缩性，表面层紧密、光滑、无粗糙感，并有纯正的光泽度。劣质电线的绝缘层感觉有透明感、发脆、无韧性。

（3）看线芯。选用纯正铜原材料生产并经过严格拉丝、退火（软化）、绞合的线芯，其表面应光亮、平滑、无毛刺、绞合紧密平整、柔软有韧性、不易断裂。

（4）看合格证。标准的产品合格证上应标明制造厂名称、地址、售后服务电话、型号、规格结构、标称截面（即通常说的2.5$mm^2$电线、4$mm^2$电线等）、额定电压（单芯线450/750V，两芯保护套线300/500V）、长度（国家标准规定长度为100m±0.5m）、检验员工号、制造日期以及该产品国家标准编号或认证标志。



## 71. 插座被家具挡住 导致使用不方便

**错误档案**

关键词：插座面板

是否必须重新装修：必须，用电不方便

常犯错误：面板设计随意，没有仔细定位

### 典型案例

小于是一位自由职业者，大部分时间都在家里的书房内办公，因此在装修时，小于特别要求施工队在书房内多留几个插座，以备不时之需。装修完成后，布置完书房，小于发现了一个头疼的问题，预留的几个插座有的被书橱挡住“隐身”了，有的在书桌下方使用非常不方便，插电拔电都要移动书桌或者钻到书桌下面。小于只好接了外置插座放在书桌上，可是插座摆在书桌上既占地方又不安全，也影响室内美观，令小于很是头疼。

### 错误分析

装修时，很多业主都不在意插座的位置，只是告诉装饰装修公司一个大概位置，并没有准确具体的定位。后期摆放完家具后，才发现很多插座面板位置都不合理，有的距离电器太远，有的卡在桌椅中间，还有的被挡在家具后面。这些情

况导致插座使用起来非常不方便，甚至还需要接很多外置插座，线路横七竖八，既不美观还容易绊倒人。

### 预防措施

1. 装修时一定要事先想好家具的摆放位置，精确规划插座面板的具体位置。电路设计不能直接交给装饰装修公司，业主要自己决定插座位置，一起完成详细的电路设计图。

2. 老房的电路改造还有一个重点，就是配电箱的设计安装。一般老房子都没有配电箱，所以在重新进行电路施工的时候，可以顺便设计一个配电箱，顺便装上配电箱，对以后的用电控电将会非常安全方便。

## 72. 电线回路简单　引来跳闸不断

**错误档案**

关键词：电线回路

是否必须重新装修：必须，用电很不方便

常犯错误：电线回路简单

### 典型案例

小毛夫妇近来购买了一套老旧的二手房，简单装修后就搬了进去。虽然是二手房，可这也应有乔迁之喜，奇怪的是小毛并没有邀请亲朋好友到家参观。面对朋友的祝福也总是顾左右而言他。耐不住几个朋友的软磨硬泡，小毛终于答应周末请大家来家中吃火锅。到了家中，朋友们纷纷赞美小毛的新居装修得精致有情调。可小毛“要求”大家一次只能使用一样电器，就是说如果厨房要使用某样电器，那在客厅看电视的人就要关闭电视。面对大家的不解，小毛解释说这栋房子年头久，电线回路简单，好多电器不能同时应用，跳闸更是经常现象。但即使这样小心，在吃饭的过程中还是因为电锅功率大，跳了两次闸。面对朋友们的关切，小毛面露囧色，说明夫妻俩在付了全款后，资金紧张，就没有重新改造电路，使用的还是老旧的电线回路。住进来之后才发现家用电器比较多，而老房子的电路根本支撑不起来，只能用完一样再用另一样，虽然不方便，也没有办法，只能等经济宽裕些再重新改造了。

## 错误分析

二手房电路各有不同，有一些整个照明系统和插座回路混用，当几个电器同时应用的情况下，比较容易发生跳闸现象。所以在装修二手房时，最好多布置几个用电回路，尤其是功率较大的电器可以单独设计走线，以免互相影响应用，频繁跳闸，给生活带来不便。

## 预防措施

1. 一般情况下，空调、热水器、冰箱可以单独设计一个回路，它们都属于大功率电器，冰箱常年使用，单独回路比较方便，如果外出几天，只要关掉其他回路就单开冰箱一个回路就可以了。

2. 厨房电器功率不大但比较多，而且厨房插座要多设，所以厨房插座要单占一个回路。卫生间有浴霸要单设一个回路。

3. 其他插座根据房子大小一般在1~2个回路之间，照明系统也在1~2个回路，两个回路的好处是当一个回路发生问题，灯不亮的时候还有别的灯可以用。当然还要根据房子的大小和结构具体情况具体分析，这里只是一个大致的参考，大家在设计电路走向的时候可以参考规划。

# 第八章　哪些失误十分影响美观

本章列举了一些会影响美观的装修失误。装修时的一些不合理现象、不规范操作，会严重影响装修后的整体美观，给人带来郁闷情绪。读完本章，您一定会收获颇丰，在以后的装修中避免此类问题，收到更好的装修效果。

## 73. 装修冲动　导致家里装成了四不像

**错误档案**

关键词：装修风格

是否必须重新装修：必须，影响整体美观

常犯错误：装修冲动　装修风格不统一　装修预算超支

### 典型案例

谭先生夫妇积攒了几年积蓄，终于购买了一套二手房，房子的地理位置、小区设施、物业管理都不错。装修设计时，两人都想按着自己的风格装修，经过一番争吵，最后决定整体风格由谭先生主张，一些小型家具由女主人挑选。没想到分工容易实施起来却很难。每次逛建材城家具店时，两人都一个劲地把自己喜欢的东西往家买，哪儿还管什么风格，都想着好不容易有了自己的房子，喜欢就买吧。

装修终于结束了，两人也傻眼了：铺着罗马风格瓷砖的客厅摆放着中式家具，卧室放着欧洲复古风格的床，而墙上竟挂着从西藏淘来的古老饰品……

### 错误分析

家庭装修最重要的一点就是统一风格，确定预算。夫妻俩都有自己的审美品位，在日常生活中还可以做到互不干扰，但在装修设计上往往会固执己见，都想着按自己喜欢的风格装饰。一旦结不成统一战线，在装修设计上很容易出现冲突。此外，一些年轻的业主会因为买了房引起购买冲动，看见喜欢的东西就往家搬，预算早抛到九霄云外了，等到装修结束才发现严重超支，而新家也装成了四不像。

### 预防措施

1. 多看样房。如果家庭成员统一不了装修风格，最好的办法是多看几家样板房，从中找到装修灵感。

2. 集中装修款。把装修款全部存在一个折子里，当看中某件物品想要购买时会看到折子里的装修余款，这在一定程度上可以打消购买此件物品的欲望，一旦想到它并不适合自己的家装风格，就可以节省下来一大笔钱，可以有效地避免预算超支。

3. 货品要多比。对于大件物品，一定要有定位。如果某个地方超支了，就要想办法在其他地方补回来。最后，如果在装修过程中家庭成员之间有了冲突，双方一定不要怄气，要知道装修还是要进行下去，心情不好肯定会影响到装修效果。

## 74. 厨房使用凹凸不平的瓷砖　导致橱柜和墙面接触不严密

**错误档案**

关键词：厨房　凹凸不平的瓷砖

是否必须重新装修：必须，清洁难，给生活带来麻烦

常犯错误：使用凹凸不平的瓷砖　橱柜安装不严密　油污难清理

### 典型案例

对于自家的二手房装修，王女士最在意的就是厨房。装修刚开始，王女士就为厨房墙面精心挑选了白色瓷砖，砖面凹凸不平，中间凸起，四周凹进去，立体

感很强。没想到这么漂亮的砖面在安装橱柜时却遇到了问题。原来，由于墙壁凹凸不平，使得橱柜与墙面之间接触不严密，那些凹进去的地方与橱柜壁有着宽宽的缝隙，从侧面看，那些悬空的地方很不舒服。入住后，每次搞卫生时，这些凹凸不平的墙砖攒下的薄厚不均的油腻就很难清洗掉。

## 错误分析

厨房的墙壁承担着橱柜的重量，把橱柜与墙面紧密结合，合二为一，方才显出厨房的整齐统一。如果选择了凹凸不平的瓷砖，就会导致二者接触不严密。再者，厨房是油腻最重的地方，一旦选用了表面有立体图案的瓷砖，很容易积攒油腻，尤其是与橱柜接触不密的地方，清洁不彻底势必影响整体美观。因此，在挑选美观的建材时，一定要先考虑到日后的清洁问题。

## 预防措施

1. 厨房的瓷砖尽量不要用凹凸不平的表面，一方面与橱柜接触不严密，另一方面清洁工作不好做。橱柜的地柜和吊柜遮挡部分可以用比较便宜的瓷砖，这样可以节省开支。但不可忽略不贴，要知道瓷砖是厨房墙面防水层最好的保护物，它会极大减少厨房潮气对橱柜的侵蚀，防止橱柜发霉变形，而且贴砖有利于橱柜与地面和墙面找平，使橱柜与墙地面接缝吻合，保持橱柜的美观和延长橱柜的使用寿命。

2. 宜选用规格小的瓷砖。通常厨房的空间都比较小，选择规格小的瓷砖可以保持空间的协调性，避免了大规格瓷砖在进行切割等施工时带来的诸多不便，还可以减少铺贴浪费。

3. 瓷砖的颜色宜选用亮光浅色和冷色调。厨房间的操作环境是高温环境，浅色会让主妇们在高温条件下感受到凉意，浅色还可以在感觉上扩大延伸空间，避免了深色调在狭小的空间里使人感到沉闷和压抑。

4. 选用花砖代替腰线装饰厨房。橱柜中的地柜和吊柜之间的空间较小，如果加上腰线会令空间显得杂乱、烦琐，而适当铺贴几片花砖却可以让厨房变得愉悦、活泼，但在数量上切忌太多，花砖主要是起修饰作用，一个厨房选两至三片花砖就可以了，太多会显得杂乱无章。

# 75. 饰面板和门套没有一起采购 出现色差

**错误档案**

关键词：饰面板 门套 色差

是否必须重新装修：必须，影响美观

常犯错误：饰面板和门套没有一起买

## 典型案例

张大姐和丈夫在这座城市打拼多年，终于攒钱购买了一套二手房。一番精心装修后，一家三口高高兴兴地搬进了新居。这天，张大姐请亲朋好友一起庆祝乔迁之喜。席间，大家自然少不了对新居评头论足。一位朋友指着门口的大衣柜说觉得缺少什么。这大衣柜是开发商预留好的，前任房主在上面拉了一道布帘做成一间简单的衣帽间，后来张大姐让木工打了两扇对开门装上，就变成了一个大衣柜。看了半天，大家终于找到了问题所在，大衣柜装了柜门，却没有装门套，那感觉就像是一个没有头发的人，光秃秃的。张大姐直到这时才发现自己忘了让木工安装门套了，这可怎么办啊？有朋友告诉她建材市场有卖成型的，对好尺寸后买回用钉子直接固定在墙上即可。饭后，张大姐直奔建材市场，左挑右选，才买到一款和衣柜门基本匹配的。安装好后一看，张大姐又傻眼了，门是木质的，门套却是塑料的，而且两者的颜色也不一样，一个浅，一个深（图8-1）。这门套拆还是不拆啊？

图8-1 不和谐的门与门套

## 错误分析

在施工中，业主要身兼采购、监工等于一身，往往是顾头不顾尾，容易丢三

落四。本案例中张大姐的烦恼在于装修时忘了安装门套，后来购买的门套和门板出现了色差。这就提醒业主，在装修时要根据施工进度列出相对应的购买单。因为尽管您在装修前做足了功课，都不可能在装修前把所有东西都买回家，采购内容是随着装修进度而变化的，所以需要谋划好先买什么后买什么。

### 预防措施

1. 在选定装饰装修公司后，根据装饰装修公司提供的进度表，把进行到每一步需要到位的材料列出来，大到一块板材，小到一颗钉子。提前一至两周去选购。需要提醒业主注意的是，很多材料有一个供货期，这点必须计算进时间表内。

2. 一些成套出现的材料一定要一次购买齐全，如饰面板和板材封口线、门和门套等，否则容易出现色差。如果在成套购买后出现了某一样不够用的情况，一定要拿着样品再去买，避免买到不一样的。

3. 虽然目前好多家装配件都有成品卖，但机器成型和手工制作总是有差异的，装修时最好一次到位，减少混搭带来的不和谐。

## 76. 使用了不防霉玻璃胶　导致玻璃胶发黑

**错误档案**

关键词：玻璃胶　发霉变黑

是否必须重新装修：必须，严重影响美观

常犯错误：劣质玻璃胶不防霉

### 典型案例

齐小姐工作后，父母送给她一套小面积的二手房独住。房子重装时，她特意请一家规模较大的装饰装修公司进行了设计。转眼，装修进入了尾声，在安装橱柜和卫生间的洁具时，因为要用玻璃胶粘接缝隙，于是齐小姐到市场上随便买回几瓶。

入住几个月后，齐小姐总感觉厨房和卫生间里有些不舒服的地方影响视觉。她仔细查看，才发现是那些用来粘接缝隙的玻璃胶如今变得脏兮兮的，黑一块黄一块，尤其是厨房的操作台台面剥离了墙壁，像一张干净的脸上流着条脏鼻涕一样。

## 错误分析

玻璃胶是装修过程中最不起眼的东西之一，主要用在橱柜、洁具、坐便器、卫生间里的化妆镜以及洗手池和墙面的缝隙等有缝处的修补。因此，多数业主在装修时都不会细心地选购玻璃胶，结果购买了质量不好的玻璃胶。过一段时间这些玻璃胶就会变发黑、发黄，影响了装修的美观，造成了不必要的损失。

## 预防措施

1. 认识玻璃胶的性能，区别购买使用。在家庭装修中，常用的玻璃胶按性能分为两种：中性玻璃胶和酸性玻璃胶（图8–2）。中性玻璃胶黏结力比较弱，不会腐蚀物体，一般用在卫生间镜子背面这些不需要很强黏结力的地方。酸性玻璃胶一般用在木线背面的哑口处，黏结力很强。

图 8–2　玻璃胶

2. 选用防霉玻璃胶。玻璃胶多用在卫生间和厨房，是所有房间中与水接触最多的地方，如洗手池和墙面的缝隙、厨房里操作台与墙面的缝隙等，普通玻璃胶用久了，就会发霉变黑。因此，一定要购买防霉玻璃胶，确保装修质量，延长使用年限。购买时，一定要仔细查看玻璃胶瓶上的说明有无“防霉”功效。此外，一些劣质玻璃胶并没有防霉功能，切忌因贪图一时便宜而影响了装修质量。

3. 购买时注意以下几点：

（1）认品牌。有效的注册商标，鲜明的形象识别，合理的价格定位，完善的售后服务，是品牌产品的认定标准。目前市场上的玻璃胶质量良莠不齐，价格也不一样，在购买时，业主千万不要片面追求便宜而忽视了质量。

（2）看包装。首先，要检查有无合格证、质保证书、产品检验报告；其次，要详细查看包装上的说明介绍，用途、用法、注意事项等内容表述是否清楚完整；有无品名、厂名、规格、产地、颜色、出厂日期等；以及是否标明产品的

规格型号和净含量。

（3）检验胶质。业主可以通过试拉力和黏度来辨别胶质优劣。

## 77. 卫生间的玻化砖用普通钻头打孔　导致玻化砖裂缝

**错误档案**

关键词：玻化砖　普通钻头　裂缝

是否必须重新装修：必须，瓷砖开裂脱落

常犯错误：用普通钻头在玻化砖上打孔　墙砖开裂

### 典型案例

朱小姐家的卫生间镶的是玻化砖，在安装毛巾杆时，朱小姐拒绝商家上门安装，而是让正在施工的木工师傅安装，结果普通钻头一接触玻化砖，砖面立刻掉了一块瓷，朱小姐心疼坏了，赶紧让师傅停下，可是砖已经碎了。朱小姐后来才明白，在玻化砖上打孔要用专用钻头，如玻璃钻头或者水钻。看着裂缝的瓷砖，朱小姐很无奈，也只能将就着用了。

### 错误分析

购买厨房、卫生间的不锈钢挂件，如毛巾杆、卫浴架、厨房用具小挂件等，商家都会上门安装，但是多数业主会认为安装这些挂件没什么技术含量而让木工师傅安装，结果木工师傅使用的普通钻头就有可能把墙砖钻裂（图8–3），或者会使得挂件安装不牢。因此，安装卫浴挂件时，一定要让商家使用专业钻头上门安装，既保护了墙砖又能安装牢固。

图8–3　普通钻头钻裂墙砖

## 预防措施

1. 在厨房、卫生间安装不锈钢挂件时，尽量让商家上门安装，避免让木工师傅安装。如果镶贴的是玻化砖或无缝砖，要先使用玻璃钻头，后使用冲击钻头，一定要注意力度，防止损坏砖面。

2. 玻化砖是一种强化的抛光砖，由石英砂、泥经高温烧制而成，质地比抛光砖更硬更耐磨，表面光洁不需要抛光。玻化砖的吸水率要低于0.5%，吸水率越低，玻化程度越好。但是目前市场上的玻化砖质地不一，好的玻化砖经过防污处理，油污、灰尘难以渗入；差的玻化砖则容易污迹斑斑。如果购买了未做防污处理的玻化砖，在铺贴前要做好保护工作，可以用编织袋或纸箱等不易脱色的物品盖住砖面，避免施工中损伤砖面，在日后的使用中要定期打蜡，防止污渍渗入。

3. 购买挂件时，一定要拆开包装仔细查看是否有裂缝或瑕疵。

# 78. 购买灯光向上打的吊灯　顶棚被烤变了色

**错误档案**

关键词：吊灯　灯光向上

是否必须重新装修：必须，影响美观

常犯错误：吊灯灯口向上致顶棚变色

## 典型案例

陈先生家的地面铺了白色的瓷砖，为了减少瓷砖的光污染，他特意为客厅选购了灯光向上打的吊灯，这样，每晚打开灯之后，瓷砖就不会成为一面反光的大镜子，刺激家人的眼睛。可是时间久了，陈先生发现客厅的灯光很暗，坐在客厅里看一个小时电视后眼睛特别不舒服，如果中途去其他房间还会被强烈的灯光晃到眼睛。新年搞卫生时，当陈先生把吊灯取下来想要清洗时，竟然发现顶棚被灯

光烤得变了颜色，吊灯里堆满了各种各样小飞虫的尸体，还有厚厚一层的灰尘。最后，陈先生足足花了两个多小时才清洗干净吊灯。

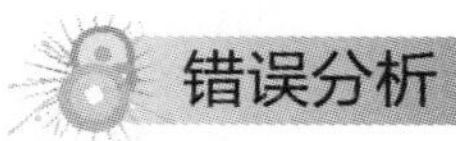

## 错误分析

在现代家居装饰中，灯光照明成为很重要的一部分，尤其是客厅采用的大吊灯，更是为整体家居锦上添花。吊灯分为单头吊灯和多头吊灯两种。在家装中，厨房和餐厅多选用单头吊灯，只有大面积的客厅才选用多头吊灯。吊灯一般都有灯罩，从灯罩的方向来区分，吊灯分为两种：①灯口向下灯光向下打的灯，灯光可以直接照射室内，光线明亮；②灯口向上灯光向上打的灯，灯光先投射到顶棚上再反射到室内，光线较下打灯柔和。因此，除了一些室内面积很大的业主要求高强度的照明外，一些中小面积房子的业主往往选择灯口向上的吊灯。

## 预防措施

1. 要科学合理地选择灯饰，切忌以多为好。现代家居灯光的设计是实用与美观兼顾，华而不实的灯饰非但不能锦上添花，反而画蛇添足，还会造成电力消耗，能源浪费，甚至还会造成光污染，同时，还难以清洁。因此，选择灯饰时最好根据家居面积和装饰风格以及主人的工作、生活习惯等进行选购。

2. 认识灯具的种类。灯具主要分为以下几种：

（1）吊灯。种类繁多，中高档灯具，主要用于客厅、厨房。

（2）吸顶灯。属于低档灯具，可以直接装到顶棚上，通常用在过道、走廊、阳台、厕所等地方。

（3）罩灯。灯光外围有灯罩，是照射局部范围的灯具，一般用在顶棚、床头、橱柜内部。

（4）射灯。造型玲珑小巧，颜色多种多样，是制造特殊效果，点缀气氛的最好灯具，尤其是在一些节日里可以很好地烘托气氛。

（5）荧光灯。非常实用的照明灯具，光亮、节电、散射、无影。

（6）台灯。多用于床头、写字台等处，分为工艺用台灯和书写用台灯，前者装饰性较强，后者则重在使用。因此在选购台灯时要考虑自己选购的目的是什么再对症购买。

3. 选购灯具时有必要了解灯具的材料种类，因为灯具的材料直接影响其使用寿命。制作灯具的材料主要有以下几种：

（1）金属材质。常见的有铁艺灯具，使用寿命较长，耐腐蚀，不宜老化，但容易过时。一般灯饰上的金属部件，如螺钉等，可能会缓慢氧化，一般使用时间在5年左右。

（2）塑料材质。使用时间较短，老化速度较快，受热容易变形。在安装时应当特别注意底座支架等部件的牢固程度。

（3）玻璃、陶瓷等材质。外表美观，但遇撞击易碎。

4. 灯光照明设计时一定要安全，必须采取严格的防触电、防短路等安全措施，以避免意外事故的发生。卫生间、浴室及厨房的灶前灯，要装有防潮灯罩，防止潮气浸入出现锈蚀损坏或漏电短路，也可以购买浴室专用的防潮灯，安全可靠。

## 79. 水池的边角防水处理不当 导致防火板台面变形

**错误档案**

关键词：水池 防水 防火板台面 变形

是否必须重新装修：不是必须，视情况而定

常犯错误：水池不防水 防火台浸水

### 典型案例

装修时为了选择一块好的操作台台面，张女士跑遍了建材城，经过一番比较，最后选用了防火板，这种材质防火、防潮、耐油污、耐酸碱、耐高温、易清理，而且花色多，价格便宜。谁知半年后，水池周围的台面就变成了波浪形，过了一段时间，台面变得越来越鼓，而且开始出现断裂。好好的台面怎么会变成这个样子呢？

## 错误分析

防火板台面是现代厨房中常用的一种台面材料，它的标准名称是耐火板，是用防火板做贴面、刨花板或密度板做基材经压贴后制成，具有一定的耐火性能。色泽鲜艳，且价格实惠，受到广大业主的喜爱。但防火板台面容易被水和潮气侵蚀，一旦使用不当，会出现脱胶、变形、基材膨胀等现象。

因此，使用防火板制造橱柜台面要注意水池部位的防水处理，重点是切口处的封胶防水处理。如果操作不当，水池中的水就会进到木质基材中去，使得整个台面被水浸泡。除此之外，在日常的使用过程中，一定要注意保持台面干净，防止积水长时间停留在台面上。

## 预防措施

1. 选择厨房台面一定要把握好以下两点：一选择市场上较好的品牌；二不要以价格高低作为评判标准。价格高的台面并不代表台面各方面都优秀，要以实用为主。

2. 橱柜的台面承担着洗涤、料理、烹饪、存储等重要任务，在挑选台面材质时，一定要考虑厨房的使用情况、家庭成员的饮食习惯等，选择适合自己的台面。目前市场上用于台面的材料除了文中提到的防火板外，还有以下几种：

（1）天然大理石（花岗石）台面。是橱柜台面的传统原材料，比较常用的是黑花和白花两种。天然石材的纹理美观，质地坚硬，防刮伤性能十分突出，耐磨性能良好。但天然石材的长度有限，不可能做成通长的整体台面，当两块拼接时，中间会有接缝，接缝处容易藏污纳垢，影响卫生。与现代追求整体台面的潮流不相适宜。此外，天然石材弹性不足，遇到重击会发生裂缝，很难修补，一些看不见的天然裂纹，遇温度急剧变化也会发生破裂。更重要的是，天然石材具有或多或少的放射性，对人身体会造成伤害。而且天然石材本身有孔隙，易积存油垢。

（2）不锈钢台面。是在高密度防火板表面再加一层薄不锈钢板。台面光洁明亮、易于清洗，实用性较好。但视觉较“硬”，给人“冷冰冰”的感觉，而在橱柜台面的各转角部位和各结合部缺乏合理的、有效的处理手段，不太适应民用厨房管道交叉的特殊性。

（3）人造石台面。具有耐磨、耐酸、耐高温、抗冲、抗压、抗折、抗渗透等性能，分无缝和有缝两种。无缝人造石台面是目前橱柜中用得最为广泛的材料。在使用上通常采用特殊的胶粘粉达到无缝黏结的效果，打磨后就可以使台面融为一体。在日常使用中，如果不小心出现了划痕，经过打磨后就可以光亮如初。有缝人造石保留了无缝人造石触感温润的优点，价格要比无缝人造石便宜。人造石价格较天然石高，其质量差异较大，劣质人造石易渗污、断裂、变色，不耐高温，因此，在选购时一定要选择优质人造石。

3. 厨房装修时，一定做到防火防水防潮，在厨房用材上要注意以下三点：

（1）防水。厨房是潮湿易积水的地方，所有表面装饰材料都应防水耐擦洗。

（2）防火。厨房里尤其是炉灶周围要注意材料的阻燃性。

（3）易于清洁。厨房是饱经油烟的战场，天长日久，难免油渍不渗入材料中，因此，家具尽量采用封闭式，表面装饰材料一定要易于清洁。此外，厨房地面切忌铺陶瓷锦砖，这是因为陶瓷锦砖规格较小，缝隙多，不易清洁，而且用旧了容易脱落。

## 8 原设施是否继续使用的判断标准

如果所购二手房的厨房里安装了防火板台面，可以根据以下标准判断是否继续使用：

1. 看材质。如果原有台面使用的是优质板材，使用时间较短，可以继续使用；反之，建议更换新的台面。

2. 看保养程度。检查台面有无脱胶、变形、膨胀等现象，如没有，可以继续使用；反之，一定要拆掉更换新的台面。

3. 看美观程度。看台面的颜色是否与厨房里的家具家电等相配，如果相得益彰，可以继续使用；反之，建议拆除。

4. 从环保角度看，如果没有安全隐患，提倡使用旧台面。

# 80. 人造石台面底部未用实木条打底　导致台面裂缝

**错误档案**

关键词：人造石台面　实木条

是否必须重新装修：不是必须，视情况而定

常犯错误：人造石台面未用实木条打底

## 典型案例

李女士家的厨房台面用的是人造大理石，长长的台面经打磨后丝毫看不出拼接缝，淡黄色的台面为整个厨房添了雅洁的气氛。半年后，李女士发现整洁温润的台面上长出了一道“疤”，仔细一看，竟然是台面裂开了一条长长的缝，李女士心疼极了。眼看着裂缝越来越长，足有十多厘米，这可怎么办啊？当初安装橱柜时，厂家只告诉她人造石有种种好处，却没有提到人造石可能会有裂缝，李女士觉得厂家太不负责任了。

## 错误分析

人造石是一种高分子复合材料，由优质工程树脂和粉料、添加剂经合成工艺制成的板材。人造石台面在安装之前，地柜顶部要用大芯板或实木条打底再装人造石台面，防止台面日后裂缝和导热不均引起变形。尤其是在切菜区最好能铺满条衬，因为切菜区承担的击打力最大，铺满条衬可以增加台面的抗击打力，防止在切排骨等大力的作用下导致台面裂缝、变形。

此外，劣质人造石通常由简陋的混合工艺制成，容易出现变形、开裂、渗污、刮划等质量问题。

## 预防措施

1. 选购人造石时，尽量在规模较大的建材城或专业经销商处购买。市场上出售的各种人造石，价格相差很大，业主往往从外表很难看出区别。实际上不同材质的人造石其性能相差甚远。因此，在选购人造石时，一定要仔细查看其生产厂家是否具备一定的规模、实力，有无详细的产品说明、检测报告，售后服务能不能得到保障。

2. 在日常生活中要注意保养台面，如在放置热锅时，不要直接放在台面上，须用锅垫或锅架；剁大块排骨时，最好在购买时让对方剁好或者是放在厨房地上搞定，避免在台面上操作损伤台面。如果台面出现了裂缝，最好找原厂家或橱柜公司修补，由专业人员使用专用材料进行修补后，很难看出有裂缝。

3. 安装人造石台面时，应当在探出边缘下沿开一道槽，防止台面的液体流入地柜的抽屉。

4. 在购买人造石台面时，可以向厂家索要台面被切割掉的水槽和燃气灶部分，用于窗台、过门石的铺装。否则，就要求厂家适当减掉一部分钱。

## 原设施是否继续使用的判断标准

参见“24. 大理石选材不当　导致放射性污染”一节。

# 81. 卫生间墙壁防水高度不够　导致墙面衣柜发霉

**错误档案**

关键词：卫生间墙壁　防水层低

是否必须重新装修：必须，墙面会发霉

常犯错误：卫生间墙壁的防水层不够高

## 典型案例

装修结束后，刘先生一家快快乐乐地搬进了新居。不久，刘先生打开大衣柜时无意中发现衣柜背面发霉、发黑。刘先生感到很奇怪，衣柜放置在向阳的主卧里，阳光充足，怎么会受潮发霉呢？在请教了装饰装修公司后，刘先生才知道是相邻卫生间墙面的水日积月累渗透到了衣柜。原来，刘先生家的卫生间淋浴区防水只做了1.5m高，而正常防水应做到1.8m，就是这短短的30cm，却使得衣柜长期受潮而发霉。

## 错误分析

装修卫生间时，很多业主认为防水重点是防地面和腰部以下的墙面，因此，墙面只要做1.5m就可以了，还可以节省一笔钱。万没想到淋浴时的水滴还会溅到高墙上，日久天长还会渗透到墙壁里，严重影响隔壁居室的墙面。因此，卫生间淋浴区的防水应做到1.8m，最好视家人身高为准，如果家人身高有超过1.8m的，最好做到1.8m以上。

## 预防措施

1. 卫生间的防水一定要做到位。做地面防水时，一定要先做地面找平，避免防水涂料薄厚不均而导致水渗漏。墙面处理并不需要全做，需要做的有淋浴房、洗脸池、坐便器等附近，其他的地方只要高出地面30cm即可。浴室防水层要不低于1.8m。尤其是淋浴区的防水，尽可能做得高一些，宽度根据淋浴区域尺寸适当宽一些为好。地漏、阴阳角、管道等地方要多做一次防水。

2. 做防水层时，一定要选择好材料。防水材料要有正规的出厂合格证及性能检验报告，进场后必须进行复检，合格后方可使用。传统墙面防水用的是防水涂料，目前逐渐流行的是防水壁纸。防水壁纸表面纹路美观，防水性能也不差，少量水溅上去并不影响防水壁纸的使用，有的防水壁纸性能甚至超过防水涂料。但是，在淋浴房附近最好不要用防水壁纸。

3. 在防水层施工时，一定要监督工人严格施工。防水层施工完毕后，必须进行闭水试验，试验时间为24小时以上。

此外，根据我国现行的《住宅室内装饰装修管理办法》第三十二条规定：在正常使用条件下，住宅室内装饰装修工程的最低保修期限为二年，有防水要求的厨房、卫生间和外墙面的防渗漏为五年。保修期自住宅室内装饰装修工程竣工验收合格之日起计算。因此，除严格监工外，在施工结束后，还要与施工方签保修契约。

4. 卫生间的四周墙壁贴瓷砖之前最好都涂上防水层。如果为了节省开支，也可以单把卫生间靠近其他房间的墙两面都做防水层。另外，可以要求施工人员在瓷砖间的缝隙添加防潮剂，同时，给橱柜后背的卧室墙面做一道防水层。或者保证衣柜、橱柜等家具与墙壁之间有一定的距离，防止卫生间的水汽通过墙壁渗透到卧室。

## 82. 天窗下的墙面没做特殊处理　墙面遭损坏

**错误档案**

关键词：天窗下的墙面　特殊处理　墙面损坏

是否必须重新装修：必须，墙面受损，影响美观

常犯错误：没有给天窗下的墙面做特殊处理

### 典型案例

小周和女友定于今年年底结婚，经过一个月的看房选房，二人选定了一套120m²二手阁楼，只为天窗带来的浪漫：和心爱的人躺在床上看梦幻般的星空。二人费尽心思，终于将阁楼设计装修成一座浪漫城堡，如梦如幻。婚后，二人幸福地搬进了新家。时值冬季，一次打扫卫生时，小周无意中发现，天窗下面的墙面颜色偏重，伸手一摸，湿乎乎的，竟然被水浸泡了。从哪儿流出来的水呢？小周一头雾水。仔细观察了几天，小周终于搞清楚了原委。原来，这几天大降温，室外冰天冻地，而室内暖气又比之前烧得热，这样一来室内外温差加大，每

当早晨太阳出来后，天窗上就会出现一层水气，接着凝结成水顺着天窗流下来，墙面就被浸泡了。看着被浸泡的墙面面积一天天地扩大，小周想尽办法都无济于事。一段时间后，天窗下面的墙面竟然起包开裂了，小周心疼坏了。

## 错误分析

阁楼天窗虽然浪漫，但也存在缺点，例如天窗玻璃容易积水，水流会浸泡天窗下的墙面；有些天窗安装时有缝隙，下雪下雨会漏水，浸泡室内墙面。这些缺点本可以通过装修进行弥补，遗憾的是，多数业主在装修时跳过了这一步，没有给天窗的外墙内墙做防水处理，结果天窗出现渗水漏水（图8-4），致使室内墙面被浸泡开裂。

图8-4　天窗下的墙面被浸泡

## 预防措施

1. 从天窗屋顶上面做好防水处理。如果墙面是石灰粉，将其铲掉，涂刷高效复合防水剂，然后用进口硅酮密封胶处理。

2. 装修时，天窗四周尤其是下方墙面重点做防水处理。方法与卫生间墙面做防水层相同。

3. 如果是天窗外窗框与墙面接合处漏水，可以使用以下补救措施：

（1）在连接缝隙处加装密封条。

（2）在墙角窗角漏水处涂抹塑钢泥，保证缝隙处不开裂不漏水不发霉。塑钢泥是一种集修补、防水、填缝、密封、强力黏结于一体的超强快速的修补硬塑钢胶泥。它能和金属、玻璃、水泥类、瓷砖、石材等完全黏结成一个整体，接触粘合表面以后非常牢固，韧性很强，不开裂、不老化、不霉变、不收缩，可以在不同环境中应用，是居家修缮的好帮手。

## 83. 保温墙没做贴布处理　墙漆开裂

**错误档案**

关键词：保温墙　贴布　墙漆开裂

是否必须重新装修：必须，墙漆会开裂，影响墙体美观

常犯错误：保温墙没有贴布　底墙直接刷漆

### 典型案例

工作了几年后，杨小姐终于买了一套房子，虽是二手房，面积也不大，却是自己辛苦买来的，因此，新居的设计装修完全是按照自己所喜欢的风格设计的，小巧而精致，浪漫又温馨。可是，半年后，杨小姐竟发现卧室的墙面开始出现细小的裂缝，此后，裂缝越来越长，也越裂越宽，像一条条蚯蚓爬在墙上。杨小姐每次看着它们，就觉得特别不舒服：自己精心布置的家，怎么无端多出这么些丑陋的东西？

### 错误分析

在家庭装修中，墙漆出现裂缝，通常由以下原因造成：首先，保温墙处理不当。如果保温墙有裂缝，装修时墙面又没有做贴布处理，保温墙的裂缝很容易拉裂墙漆。其次，刷漆前，底墙处理不当直接刷漆，如墙体基层（抹灰层）强度低、潮湿或层面有起壳、开裂；基层表面有油污、粉尘、浮灰和残余涂料等杂物，或者基层表面太光滑，留存腻子强度低，黏结不牢，使漆膜起皮脱落。再次，施工技术不过关，如工人在抹灰时水泥的配比不准确；墙面开槽后修补涂刷不当，导致墙面收缩出现裂纹；墙面腻子的配比不当或者是腻子刮得过厚；乳胶漆和水的配比不合适等，这些不规范的操作都会导致墙面开裂。

## 预防措施

1. 对保温墙做贴布或石膏板处理。在墙面上贴一层的确良布或牛皮纸，利用纤维的张力保证乳胶漆漆膜完整，或者在保温墙上贴石膏板。对石膏板接缝处填充石膏粉处理后，再贴牛皮纸，就可以将墙体原本不规则的裂纹去除。对于其他有裂纹的墙面，也可以铺贴的确良布，防止乳胶漆开裂。切忌将墙体保温层去除，否则会降低墙面的保温性能，降低居住的舒适度。

2. 如果是轻质隔墙，隔墙板本身也容易出现小裂纹，接缝处要仔细做防裂处理，一般用玻璃丝布或牛皮纸。如果是承重墙或实墙，通常不会出现问题，但在做找平处理时需要注意，腻子不能刮得太厚，否则容易导致乳胶漆开裂。

3. 涂刷乳胶漆时应注意：选择耐水性优良的苯丙类、纯丙类内墙乳胶漆并刷底漆，底漆对面漆有保护作用，同时防止面漆的碱化。涂漆前，墙面及基层要光洁、平整，不要有油污、浮灰等杂物，对基层表面存在的小孔、麻面等缺陷，要用腻子修补平整，墙体和基层应干燥，含水率不得超过10%。阴雨潮湿气候下不宜施工。铺地砖的时候，地面阴水不可太多，防止水渗进墙面，造成乳胶漆的受潮。卫生间墙面应做防水，高度应在1.8m。

# 84. 地砖和地板衔接不好　导致扣条起边断裂

**错误档案**

关键词：地砖和地板衔接　扣条断裂

是否必须重新装修：必须，扣条断裂影响地面美观

常犯错误：地板与地砖衔接不当

## 典型案例

张先生家的客厅和卧室铺了褐色木地板，卫生间铺了白色瓷砖。铺装完后，看着地板与地砖之间出现的高度差以及视觉上的色差，张先生经过上网查找、向

朋友打听，最后使用了铜扣条。谁知两个月后，铜扣条就开始翘边，踩上去“咔咔”作响。过了几天，铜扣条干脆一端翘了起来，只剩一端粘在地板上。张先生只好买来胶水把扣条粘在地板上，没想到胶水弄得满地板都是，又难以清洗掉，漂亮的地板就这样成了“疤脸”。



## 错误分析

在家装中，扣条多用在地砖和地板接缝处，因为使用概率低，占用面积小，所以多数业主会忽视其施工技术，当工人马虎施工，或者安装过程中螺钉与底座不配套时，就会造成扣条松动，或者与门套不平行。如果选择了劣质的扣条，还容易发生断裂翘曲（图8-5）。

图8-5　施工不当会导致铜扣条翘边

## 预防措施

1. 选用质量好的铜扣条，或者专用扣条。
2. 施工时，一定要仔细进行，扣条螺钉要与底座配套。

# 85. 勾缝施工不严格　导致砖缝变黑

**错误档案**

关键词：勾缝　填缝剂变黑

是否必须重新装修：必须，影响美观

常犯错误：墙砖勾缝施工不严格

## 典型案例

李先生家在镶贴完厨房和卫生间的瓷砖后，工人用白水泥做了勾缝。可是还没等装修结束，墙砖缝隙有很多地方就变黑了，地砖就更加不用说了。李先生赶紧找人来擦拭，却发现瓷砖越擦越干净，而砖缝却越擦越黑，即使使用各种专业去污剂也无济于事，更糟糕的是擦洗过程中的污水也渗进了砖缝。

## 错误分析

砖缝作为瓷砖的分界线，能使整个墙面或地面显得富有层次感和立体感，然而，居室、厨房、卫生间的墙砖和地面的勾缝材料，却往往不受业主的重视，在施工技术上不求规范，结果在装修刚结束甚至勾缝刚结束时，填缝剂就会发黄、发黑。究其原因，除了与材料本身的特性（不防水）有关外，还与勾逢时的现场清洁没有做好有很大关系。勾缝时，施工人员一定要把瓷砖表面的灰尘清理干净，等水泥干了之后再填缝，否则很容易发黑。

## 预防措施

1. 瓷砖勾缝材料主要有以下三种：

（1）白水泥。价格低廉，但色彩单一，白度低，粘贴强度较低，粉化现象严重，砖缝易发黄变脏，在潮湿环境里容易滋生霉菌，直接勾较宽的砖缝会产生大量裂缝。

（2）填缝剂。颜色较多，暗淡无光泽，适宜仿古砖勾缝；施工时易污染瓷砖表面，使用后砖缝很易变脏，难以清洗。

（3）美缝剂。色彩丰富，颜色亮丽，适合与各种色彩瓷砖搭配；白色的白度在95%左右，表层强度高、韧性好，表面光洁、易于擦洗、方便清洁、防水防潮，可常保持原来的颜色，在施工时不会污染瓷砖。

2. 勾缝最好等瓷砖干固后再进行。由于瓷砖未完全干固，在勾缝的过程中容易造成瓷砖松动。因此，瓷砖勾缝应在瓷砖干固24小时之后进行。

勾缝时，一定要把瓷砖表面的灰尘清理干净，尤其是水泥缝隙，最好不要粘有丝毛杂物或细微尘土，可以有效防止填缝剂发黑。填缝完毕后，最好保证墙面干净，如有其他施工，尽量远离刚勾缝的这一墙面，防止有脏物沾染在未干的填缝剂上，造成污渍渗透，导致日后发黑。

3. 勾缝干透后，可以在所勾缝隙中涂抹蜡。涂蜡后表面光滑，能有效地封闭勾缝剂或者白水泥吸污的细孔，即使有油污沾染在上面，也只需轻轻一擦就干净了。



## 86. 卫生间的门套未做防水处理　导致门套腐烂

**错误档案**

关键词：门套　防水处理　腐烂

是否必须重新装修：不是必须，视情况而定

常犯错误：门套底部未做防水处理　门套腐烂

### 典型案例

王女士家虽说购买的是二手房，可室内装修豪华，丝毫没有二手房的脏旧乱之感。可好景不长，王女士家的卫生间门套和门板底部就因为被水长期浸泡渗透而腐烂了，底边参差不齐，凹凸不平，用手指轻轻一揭，就会揭掉一小块板材，有的部位甚至腐烂掉足足有5cm，悬空而起，样子很难看。王女士看着心疼坏了，两千多块钱的门怎么变成了现在这个样子呢？

### 错误分析

木门框底部受潮腐烂，多数是因为木工在铺过门石时，没有把整个门套落在过门石上，而是留有一部分在过门石外，每逢卫生间大量用水时，水就会顺着过门石流到外露的门套上，结果导致门套底部腐烂。此外，门套底部没有做防水处理，也是造成门套受潮腐烂的原因。

## 预防措施

1. 对于潮湿不通风的环境，最好全套使用非木质产品，如塑钢门。选用木门时，一定要在门框的底部做防腐处理。在门套裁板后，先将底板和饰面、门套线着地部分刷防水漆后再行施工（图8-6），而门套底部最好能与门槛石离开1cm左右距离。装门扇的时候要将门拆下油漆，将门扇底部刷一层防腐油漆，可以延长耐腐时间。

图8-6　木门底做防水

2. 购买成品木门，尤其是成品卫生间木门，商家会特意用PVC材料做门套线，防止水的浸透。

3. 如果是现场制作木门，安装时一定要在门框的底部铺装过门石，把整个门套落在过门石上，而且过门石要高于卫生间的地面，防止水浸泡门套底部。

4. 在卫生间的布局中，如果卫生间的空间比较大，可以把干区和湿区分开，湿区应远离门口，设置在卫生间靠里面的位置，而干区设置在离门较近的地方。

## 原设施是否继续使用的判断标准

如果所购二手房各房间已经安装了门，可以根据以下标准判断是否继续使用：

1. 看材质。如果原有门是房主使用高档板材制作或者购买的是品牌门，可以继续使用；反之，如果使用的是不知名的劣质板材，建议更换新的。

2. 看保养程度。检查木门表面有无脱漆、开裂、腐蚀等老化现象，金属合页有无生锈，开关是否顺畅，如果都保养良好，可以继续使用；反之，建议更换新的。

3. 看美观程度。如果木门的造型、颜色大方美观，结实耐用，可以继续使用；反之，业主可依据自身经济条件决定是否拆除更换新门。

4. 从环保角度看，如果没有安全隐患，提倡使用旧木门。

## 木门品牌推荐

1．TATA木门——北京闼闼饰佳工贸有限公司
2．美心木门——重庆美心家美木业有限公司
3. 梦天木门——浙江梦天木门有限公司
4. 盼盼木门——宜昌盼盼木制品有限公司
5. 华鹤木门——华鹤集团
6. 金丰木门——吴江市金丰木门厂
7. 金迪木门——浙江金迪门业有限公司
8. 罗兰木门——广东佛山罗兰家居制品有限公司
9．3D木门——上海蓝白木业集团
10. 欧派门业——江山欧派门业股份有限公司

# 87. 木板与墙体直接连接　出现裂缝真难看

## 错误档案

关键词：木板　墙体　裂缝
是否必须重新装修：必须，影响美观
常犯错误：木板与墙体直接相连

## 典型案例

谢女士一家更换了一套大平米的二手房，考虑到一家三口的衣服较多，谢女士特意让装饰装修公司设计了一面嵌入式大衣柜。可是，一年过后，衣柜与墙面、顶楼板之间出现了裂缝，而且裂缝在一天天加宽，而这一截面恰好正对着卧室门口，每次进房间都可以看到这条大缝隙，这让谢女士心里更难受。

## 错误分析

木板与墙体开裂是因为木工把大面积木板直接与墙体连接，由于木材与原墙膨胀系数不同，结果造成二者剥离。

这种现象还出现在一些特殊的装饰中，如家装公司在餐厅、电视背景墙上铺装一整块木板，或者玄关与墙面之间。

## 预防措施

1. 木工在施工时，一定要严格按照规范施工。当木板与墙体连接时，应在接触墙体的木板两侧，分别安装一块木板固定，避免木板与墙体因膨胀系数不同而裂开。

2. 在设计的时候尽量不要把不同材质的元素放在同一平面，如果必须在同一平面，应该设计一条压条，并保证这一压条的整体性，让压条融合到这一元素中。如当衣柜的侧面与墙面在同一平面时，用一根木线压上去涂刷油漆或者用石膏板压上去涂刷乳胶漆，可以避免产生裂缝。

3. 橱柜、衣柜等木制品与墙体的交接面要做防潮处理，防止日后因墙体返潮造成开裂。

4. 如果木板与墙体开裂，一定要找专业木工做修补，切忌自己动手造成日后更大的开裂。

# 88. 铺贴技术不规范　导致壁纸裂缝

**错误档案**

关键词：壁纸　裂缝

是否必须重新装修：不是必须，视情况而定

常犯错误：壁纸铺贴不规范

## 典型案例

为了减少室内甲醛污染，赵女士在电视背景墙和卧室里贴了漂亮富有个性的壁纸作装饰效果。然而，三个月后，当赵女士坐在沙发上看电视时，无意中瞧了一眼电视周围，发现背景墙壁很不平整，她站起来走到跟前仔细看起来，这才发现客厅壁纸起鼓并在多处拼接处开裂。在贴壁纸前，她曾仔细询问过厂家会不会开裂，对方明确告诉她一定不会。这才贴了不到半年，怎么说裂就裂了呢？

## 错误分析

壁纸由于健康环保，遮盖能力和装饰效果强，且便于更换，受到越来越多的家庭的喜爱。然而，壁纸铺贴时技术复杂，一旦施工不到位，容易造成壁纸起鼓裂缝。

客厅壁纸起鼓的原因多是铺贴过程中未按规范施工造成的。基层含水率过大时，墙面存在水蒸气；腻子与基层黏结不牢固，或出现粉化、起皮和裂缝；抹灰质量不过关，表面平整度不好；室内抹灰及最后一道腻子未按规范养护工期时间干燥就铺贴壁纸，以致水分集中等，这些不严格的施工都会使得壁纸开裂。

## 预防措施

1. 在购买壁纸时要确定所买壁纸的每一种型号仅为一个生产批号。胶粘剂最好选择有质量保证及信誉的品牌。在铺贴前，务必将每卷壁纸摊开检查，看是否有残缺或明显色差。

2. 壁纸的用量计算方法（近似算法）：地面面积×3（3面墙）/（壁纸每卷平方米数）+1（备用）=所需壁纸的卷数。在实际粘贴中，壁纸存在8%~10%左右的合理损耗，大花壁纸的损耗更大，因此，在采购时应留出消耗量。

3. 为保证壁纸铺贴质量，最好请专业工人来铺贴。壁纸施工的要领及注意事项如下：

（1）墙面处理：用刮板和砂纸清除墙面上的杂质、浮土，如果有凹洞裂缝，要用石膏粉补好磨平。墙面基层颜色要保持一致，否则裱糊后会导致壁纸表面发花，出现色差，特别是对遮蔽性较差的壁纸，出现的色差会更严重。

（2）贴壁纸时最好从窗边或靠门边的位置着手。使用软硬适当的专用平整刷刷平壁纸，并且将其中的皱纹与气泡顺着刷除，但不宜施加过大压力，避免塑料壁纸绷得太紧而产生收缩。

（3）电源开关及插座贴法：先关掉总电源，将壁纸盖过整个电源开关或插座，从中心点割出两条对角线，松开螺钉，以切开部位的纸缘折入盖内，再裁掉多余的部分即可。

（4）如果是在秋天铺贴壁纸，壁纸在铺贴前应放在水中浸透，然后再刷胶铺贴，铺好后要自然阴干。壁纸干燥后若发现表面有气泡，用刀割开注入胶液再压平即可消除。

## 原设施是否继续使用的判断标准

如果所购二手房已经铺贴了壁纸，可以根据以下标准判断是否继续使用：

1. 看材质。如果原有壁纸使用的是高档材质，使用时间不长，可以继续使用；反之，建议拆除掉。

2. 看保养程度。检查壁纸有无出现色差、起鼓、开裂等现象，如没有，可以继续使用；如果有，建议更换新的。

3. 看美观程度。如果壁纸在造型、图案和色彩上均美观大方，与室内装修风格相符，可以保留；反之，建议拆除更换新壁纸。

4. 从环保角度看，在以上三点的基础上，提倡使用原有壁纸。

**壁纸品牌推荐**

1. 瑞宝（原圣象壁纸）——圣象瑞宝壁纸有限公司
2. 玉兰壁纸——广东玉兰装饰材料有限公司
3. 欧雅壁纸——欧雅壁纸（上海）有限公司
4. 爱舍壁纸——江苏爱舍（Artshow）墙纸有限公司
5. 布鲁斯特壁纸——布鲁斯特墙纸（中国）有限公司
6. 柔然壁纸——柔然壁纸集团
7. 雅帝壁纸——北京雅地阳光新技术发展有限公司
8. 摩曼壁纸——摩曼（中国）壁纸有限公司

9. 英格莱壁纸——上海英格莱壁纸有限公司

10. 格莱美壁纸——格莱美墙纸（壁纸）有限公司



## 89. 施工方法不对　导致石膏板顶棚裂缝

**错误档案**

关键词：石膏板顶棚　裂缝

是否必须重新装修：必须，顶棚产生裂缝

常犯错误：施工人员没按规范施工　施工技术不过关

### 典型案例

李先生家的客厅做了石膏板顶棚，配上精致的水晶灯，整个客厅美观华丽。然而，入住不久，李先生就发现石膏板顶棚出现了裂缝，洁白的石膏板上突然间出现了几条大裂缝，显得那么突兀、丑陋。李先生找来装修时的施工人员，对方告诉他油漆时已经做了贴布处理，现在只能做简单的修补，但修补了以后还会有裂缝。最后，李先生只得让工人进行暂时修补，至于日后还会出现的裂缝他也不知道该怎么办。

### 错误分析

轻钢龙骨结合纸面石膏板吊顶，由于其成本低、易造型、防火性能好、易施工等，被广泛应用于顶棚上。但石膏板吊顶通常会出现或大或小的裂缝，尤其是用大面积石膏板吊顶时，裂缝大大影响了美观。这些裂缝往往是由于施工人员施工方法不对、技术不过关等造成的。如固定吊筋的膨胀螺栓选定位置不对，导致吊顶固定点上下、左右有活动间隙，一旦受力就会变形，或者是吊点及挂件节点

出现虚假受力情况。这样就使得已调平的龙骨在外力作用下变得起伏不平，导致覆盖在上面的石膏板产生拉力、变形和裂缝。

如果是木龙骨吊顶，出现裂缝的原因多是木龙骨含水量过高，在干燥后出现变形对石膏板产生拉力，导致顶棚出现裂缝。

### 预防措施

1. 进行石膏板吊顶作业时，石膏板之间、石膏板与墙面之间接缝的地方，均应留出约1~2cm的缝隙，先用嵌缝石膏补平，然后贴牛皮纸，再批刮腻子。基层要结实牢靠，石膏板的接缝处要做成倒V形。

2. 用木龙骨吊顶时，木龙骨的含水率要控制在12%以下，龙骨要牢固，切忌有松动，防止石膏板顶棚裂缝。粘石膏线时让石膏板与顶面、墙面留有0.5cm左右的缝隙，用石膏粉加乳胶调和填缝，可以防止石膏线开裂。

3. 严格按照吊顶技术规范施工。选准固定吊筋的膨胀螺栓的位置，吊顶固定结实牢靠，没有丝毫的位移间隙，防止吊点及挂件节点出现虚假受力。

## 90. 施工不规范　导致瓷砖裂缝

**错误档案**

关键词：瓷砖　裂缝

是否必须重新装修：不是必须，视情况而定

常犯错误：瓷砖施工不规范

### 典型案例

刘先生家的厨房墙壁贴了洁白的瓷砖，干净漂亮。入住后的一天，刘先生在厨房擦拭墙砖时，发现有一道长长的灰尘怎么擦都擦不掉，刘先生动用了清洁剂灰尘却纹丝不动，这可真是怪事啊！过后，刘先生突然意识到可能是瓷砖裂缝了，细细一检查，不仅仅这一块砖，周围好几块瓷砖的表面都出现了一条条不规则的裂纹，样子特别难看。

## 错误分析

墙砖裂缝或脱落，除了建筑墙体变形、沉降不均以及瓷砖背纹不合理这些非人为的原因外，多数是因为施工不规范造成的（图8-7）：如地面基层处理不净，或浇水湿润不够；垫层水泥砂浆铺设太厚或加水较多；瓷砖背面污迹未清理，水迹过多；砂浆干缩，瓷砖和墙体的吸水率不一致；湿度和温度有较大变化等。

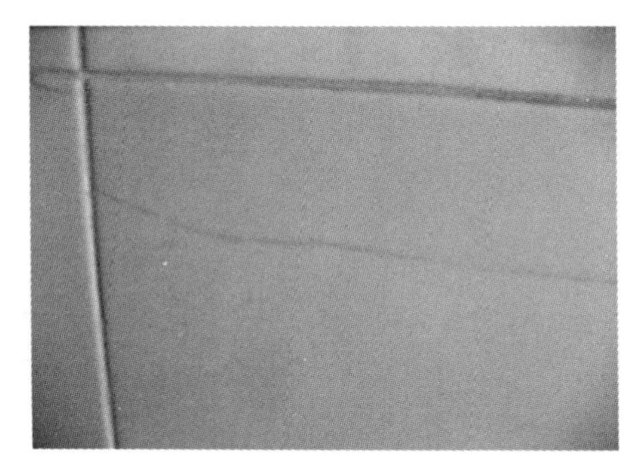

图8-7　施工不规范造成墙砖裂缝

## 预防措施

1. 选购质量好的瓷砖。选购瓷砖时，要根据不同的铺设区域选购耐磨度、吸水率与之相匹配的瓷砖。铺贴前，要仔细检查瓷砖是否完好，如果有碎裂就要找厂家及时退换。

2. 瓷砖尽量不贴在炉台等近火处，防止爆裂，也不要贴于受振动较大的地方，如厨房操作台。

3. 在施工过程中，要严格按照施工工艺进行，具体如下：

（1）清理干净墙面基层。提前对墙面进行找平处理，如果墙体有裂缝，则应做妥善处理，防止日后基本结构裂缝变大导致瓷砖开裂或脱落；对于表面太光滑、涂有防水层的墙体一定要对基础面做相应的处理，如采用批荡、拉毛、挂钢丝网等手段，防止瓷砖脱落。

（2）瓷砖使用前，应放在清水中浸泡，待表面晾干后方可镶贴。厨房烟道、卫生间风道、厨卫包了管道的墙面上贴砖时，最好在水泥砂浆里面添加黏结剂以增加黏结力，可以保证镶贴质量。

（3）粘贴时要使面砖与底层粘贴密实，可以用木锤轻轻敲击，防止产生空鼓。一旦有空鼓，应取下瓷砖，重新铺贴。注意预留足够的收缩膨胀缝，确保收

缩膨胀所需。

4. 铺贴时注意气候。夏天，瓷砖在泡水处理时要使其水分接近饱和状态，避免瓷砖干燥而从水泥中吸水，造成与水泥黏结不牢固，出现空鼓、脱落现象；冬季，应保证室内温度、湿度，防止材料受冻出现裂缝。

### 原设施是否继续使用的判断标准

参见“29. 地砖太白　导致放射性污染”一节。

## 91. 施工不规范　造成地砖空鼓、踩裂

**错误档案**

关键词：地砖　空鼓　踩裂

是否必须重新装修：不是必须，视情况而定

常犯错误：地砖施工不规范　没有达到限定时间就上去走动

### 典型案例

冯先生家的地面铺的是高档瓷砖，价格不菲。搬进新居后，冯先生偶然发现踩在地砖上会发出“空空”的声音，而且感觉地面高低不平。冯先生找来木锤一敲，地砖竟然空鼓。冯先生一块块地敲下来，发现大部分地砖都空鼓。冯先生于是找来装修工人要求返工，对方却说这属于正常情况。过了几天，冯先生家的地砖竟然被踩裂了。

### 错误分析

地砖空鼓多数是因为施工人员施工不规范造成的。如砖背水泥不均或是地面水泥砂浆不满等。除此之外，地砖铺好后没有达到限定的时间（刚铺好的砖24小时内不能踩上去）就有人在上面走动，尤其是踩到边角，更会造成事后地砖空

鼓。地面空鼓严重时，会导致地砖松动而断裂。

### 预防措施

铺地砖时，一定要请专业的施工人员，严格按照技术规范操作。具体步骤如下：

1. 铺贴前，要筛掉裂缝、掉角、翘曲或表面有缺陷的瓷砖，依据设计要求，对瓷砖的规格、尺寸、花纹、色号等进行试拼编号；然后，用水充分浸泡瓷砖，晾干表面后待用。

2. 铺贴时，施工人员用手轻轻推放瓷砖，使砖底与结合面平行，排出气泡；用木锤轻敲砖面，让砖底全面吃浆，防止产生空鼓现象；再用木槌将砖面敲至平衡，并用水平尺测量，确保砖面水平。

3. 铺贴完好的瓷砖应整体平整、线路顺直、镶嵌正确、表面洁净。砖缝大小应符合设计要求。当设计未做规定时，一般瓷砖拼缝的宽度不宜大于1mm。

4. 铺贴1小时左右，应及时用木屑或海绵将砖面的水泥浆擦洗干净，以免表面藏污时间过长难以清理。铺贴12小时后，用木槌轻敲铺贴好的砖面，如发现有沉闷的“空空”声，证明该处已出现空鼓，应取下重新铺贴。在铺贴完毕24小时内，禁止有人在上面行走；24小时后，用清水冲洗砖面并擦净，开始填缝。

### 原设施是否继续使用的判断标准

参见“29. 地砖太白　导致放射性污染”一节。

## 92. 施工技术不严格　导致踢脚板剥离墙体

**错误档案**

关键词：踢脚板　剥离　脱落

是否必须重新装修：不是必须，视情况而定

常犯错误：踢脚板施工不规范

## 典型案例

自己家的房子重装时，白小姐选中了某品牌的地板，因为营业员极力推荐，白小姐又选购了配套的白色踢脚板。结果，踢脚板铺贴后的效果远远不像营业员说得那样好，白色的踢脚板上钉眼格外明显，而且不在一条直线上，整个像虫蛀过似的。对角的地方接缝明显，很难看。几天后，这些踢脚板竟与墙面大量剥离，轻轻用脚一碰就掉下来。最后，白小姐只得把所有的踢脚板取下来，重新购买再次镶贴。

## 错误分析

踢脚板也称踢脚线，是人走到墙边时脚要踢到的那一部分墙面，一般是指离地面15 cm以内的一段墙角线。安装踢脚板，一方面是保护墙壁，防止人走动时踢碰或拖地板时弄脏墙壁；另一方面可以美化室内，收到良好的装饰效果。

踢脚板剥离墙体的原因，除了踢脚板本身的质量差外，多数是因为安装人员在地面不平整的情况下粗糙安装造成的；而踢脚板起拱是因为墙面潮湿，踢脚板无伸缩膨胀空间造成。

## 预防措施

1. 购买木质踢脚板时，应仔细查看外观：胶合板及木制品外观不得有死节、髓心、腐斑等缺陷；线型应清晰、流畅；加工深度应一致；表面光滑平整，没有毛刺；木材含水率应低于12%，没有扭曲变形。

2. 铺装地面与安装踢脚板要分两次施工。地板铺设完48小时，才能贴踢脚板。地板与墙壁间留足伸缩缝，一般采用与地面块材同品种、同规格、同颜色的材料，踢脚板的立缝应与地面缝对齐。

3. 安装踢脚板时，先找平墙面再镶贴，防止踢脚板出墙厚度不一致。

4. 房门后的踢脚板一定要做加固处理，最好不要将门吸钉直接钉在踢脚板上（图8–8），避免踢脚板因门吸拉力

图8–8　踢脚板按规范施工

太大而剥离墙体。

5. 如果踢脚板剥离墙体，可以取下剥离的踢脚板，重新处理安装。如果是大面积的剥离，或者是如本案例所述，就只能重新施工，更换新的踢脚板。

## 原设施是否继续使用的判断标准

参见“38. 踢脚板铺完没通风　导致室内污染”一节。

# 93. 使用劣质五金件　橱柜门没几天就坏了

**错误档案**

关键词：五金件　柜门开关难

是否必须重新装修：不是必须，视情况而定

常犯错误：买到劣质五金件　影响橱柜使用

## 典型案例

搬进新居不久，郑小姐就高兴不起来了。自己买的虽然是二手房，房价不高，可这装修费不低，算得上是高档装修，可这质量怎么就那么让人闹心呢？原来，每次进到厨房，郑小姐都要小心地打开柜门，然后再费劲地关上。要知道光这套橱柜就花了自己一万大洋，到现在用了仅几个月柜门就不那么灵活了。又过几天，柜门干脆彻底“下了岗”，抽屉怎么拉也拉不动。找施工人员前来维修，郑小姐才知道柜门之所以“罢工”是因为使用了劣质五金件（图8-9）。

图8-9　使用劣质五金件，橱柜门关不上

## 错误分析

装修时，多数用户只考虑到橱柜材料的选择，而忽略了五金件的配置，选用了劣质五金配件，结果一段时间后橱柜门就因为五金配件的坏掉而“瘫痪”了。

在日常橱柜门频繁的开关过程中，最要经受考验的就是铰链，一方面要将柜体和门板精确地衔接起来，其次还要独自承受门板的重量，并且必须保持门排列的一致性不变。劣质铰链往往由薄铁皮焊接而成，弹簧弹性差，没有回弹力，用久以后会失去弹性，导致橱柜门关不严实，其承重力很差，严重时会导致门板脱落。

橱柜抽屉采用的是滑轨连接，劣质滑轨往往推拉不灵活，而且由于滑轨的受力面不均匀，会导致抽屉摇晃不稳固。

因此，好的橱柜一定要使用质量好的五金配件，能够适应厨房潮湿、油烟多的环境。五金配件的质量好坏关系着橱柜的正常使用及使用年限。

## 预防措施

1. 五金件是橱柜的重要组成部分，因此一定要选购质量上乘的五金件。而在厨房抽屉的设计中，最重要的配件是滑轨，选择承重力与滑动效果好的滑轨，使用起来滑动噪声小、轻盈而毫无涩感。

2. 柜门的正反两面都要贴饰面板，保证两边受力均匀，避免柜门变形。此外，柜门不宜做得太长，否则易变形。

3. 吊柜、底柜门要多样化，使用起来方便快捷。如吊柜最好为向上折叠的气压门，方便开启，避免用侧开门时用户的头部容易受到磕碰；而底柜最好采用大抽屉柜的形式，即使是最下层的物品，拉开抽屉也能随手可及，免去蹲下身伸手进去取东西的麻烦。

## 原设施是否继续使用的判断标准

如果所购二手房已经安装橱柜，可以根据以下标准判断是否继续使用：

1. 看材质。如果原有橱柜使用的是高档材质和优质五金件，可以继续使用；反之，建议拆除掉安装新橱柜。

2. 看内部格局。检查橱柜内部空间的划分是否合理，使用是否方便，如果空间划分合理，可以继续使用；反之，业主依自身经济条件决定保留还是拆除。

3. 看保养程度。检查橱柜柜门有无脱漆、开裂、变形；五金配件有无锈蚀，抽屉滑轨滑动时是否发钝变涩，如果一切良好，可以继续使用；如果橱柜局部出现小问题，业主可以进行改造，如更换柜门、五金配件等。如果橱柜大面积出现问题，则建议拆除，安装新橱柜。

4. 如果橱柜使用的材质较好，且保养良好，那么无论美观与否，从环保角度看，都提倡使用原有的橱柜。



**橱柜品牌推荐**

1. 欧派橱柜——广东欧派集团有限公司
2. 志邦橱柜——志邦橱柜股份有限公司
3. 皮阿诺橱柜——中山市新山川实业有限公司
4. 金牌橱柜——厦门市建潘卫厨有限公司
5. 美佳橱柜——安徽省美佳家具装饰有限公司
6. 我乐橱柜——南京我乐家居制造有限公司
7. 佳居乐橱柜——广东佳居乐厨房科技有限公司
8. 欧意橱柜——浙江欧意控股集团
9. 科宝·博洛尼橱柜——北京科宝博洛尼厨卫家具有限公司
10. 东方邦太橱柜 ——南京邦太家具制造有限公司

## 94. 违规铺装　造成地板接缝处开裂

**错误档案**

关键词：地板　接缝　开裂

是否必须重新装修：不是必须，视情况而定

常犯错误：地板接缝处理不当

## 典型案例

赵老先生的老房子可算是重新焕发青春了。原来，工作后的女儿为了让老父亲住得舒服，自己掏钱给老爷子重新装修了一遍。整个房间采用的是暖色调。地面铺的是棕色实木地板，看上去很温暖。地板铺好后，赵老先生走了一圈，感觉比以前的瓷砖地面舒适多了，关键是光脚踩上去也没有以前那么冰凉了。谁知入住不到半年，木地板接缝处就裂开了，而且裂纹日益加宽，很醒目。每次走进家门，首先跃入眼帘的就是地板裂缝。赵老先生找到地板销售商要求补救，对方告诉他只能把地板拆下来重新铺。可这些地板花了好大一笔钱，怎么说换就换呢?赵老先生对销售商的做法很不满，心里也开始埋怨女儿乱花钱。

## 错误分析

地板接缝处开裂或翘角，通常有以下几点原因：①地面不平；②施胶少，胶水未完全把接缝填满；③铺装时，地垫接缝没有用不干胶带全部封死，使潮气从一处窜出；④地板周围的伸缩间隙小，使地板无法自由收缩；⑤铺装时，工人随意敲打，用力不均等。这些错误的施工都会造成地板接缝裂开。此外，木地板具有原木物理特性，会随着季节的变化出现色差、膨胀、收缩等情况，属于正常现象。

## 预防措施

1. 正确按照地板铺装说明书和“质保卡”保养地板，在擦拭地面时，应尽量不要让水渗透到地板接缝里，防止接缝开裂和边角翘起。

2. 水泥地面完工三个月后再开始铺装地板。室内要经常通风换气，保持空气干燥。否则，在室内湿气太重的情况下，地板容易出现拱起或接缝开裂翘角现象。

3. 在冬季铺装地板时，应事先将地板放置在室内12小时以上，进行温度适应和“化冻苏醒”，防止地板因吸水率增大或“冬眠”而在铺好一段时间后产生问题。 如果室内是地热采暖，铺地板前最好使地热温度达到最高，让地面大量潮气、湿气散发出来，防止地热温度没有逐渐提升，地板在铺装完后如遇到再次供热，会使未能散发出来的潮气、湿气剧增，导致地板拱起或开裂、鼓泡的现象。

如果地板已经出现翘角现象，可以通过以下措施解决：①拆掉地板，地面处理平整、干燥后重新铺装；②根据裂缝的大小，进行补蜡、重新灌胶；③用专用工具固定或重装；④挪开重物，重新灌胶固定。

4. 地板铺装后应通风，尤其在冬夏季节，防止地板在关门闭窗的情况下产生拱起和开裂翘角。

### 原设施是否继续使用的判断标准

参见“27. 实木复合地板铺装不当 引起甲醛污染”一节。

## 95. 地板铺好后没有及时清洗 导致污渍渗进地板里

**错误档案**

关键词：地板 清洗 污渍

是否必须重新装修：不是必须，视情况而定

常犯错误：地板铺好后没有及时清理 污渍去不掉

### 典型案例

旧房重新装修后，罗女士发现刚铺的地板污迹斑斑，各种胶、油漆胡乱地涂抹在地板上，地板一下子变成了大花脸。罗女士立即端来水开始擦洗，孰料污迹竟纹丝不动。罗女士又去拿来了各种洗涤剂依次涂抹，用力擦洗，油漆还是不见缩小。新铺的地板平添了几团漆印，罗女士看了很是心疼。

### 错误分析

地板铺完后没有及时进行保护，导致随后进行的刷漆、涂胶工程给地板弄上

了污迹，加上工人没有及时地擦拭，结果使得油漆渗进地板里难以擦掉。如果地板表面密闭性不好，则污渍渗透后会造成表面出现黑色斑点或黑线。

### 预防措施

1. 地板必须在全部安装完毕48小时之后方可正式使用，如放置家具、清理地面等。建议地板在全部安装完毕48小时之后进行表面清洗和保养，提升各项物理性能。在刷漆后，应检查地板上有无油漆，如果有，就应及时清洗掉，防止日后油漆渗进地板。一旦油漆渗进地板，就应请专业人员用刷子清理地板并采取正确的保养方法。

2. 地板铺好后，要做好保护措施，保持地板的表面干燥，地板表面有污迹，要用温水及中性清洁剂擦拭干净。如果是药物、饮料或颜料的污迹，必须在污迹未渗入木质表面以前加以清除，可以用浸有家具蜡的软布或钢丝绒擦。

3. 严禁使用有害化学物质清洗地板，如不明成分的除尘剂等。日常清洗中，应使用含水率低于30%的湿布清理表面，如果地板出现醋、盐、油等污点，应使用专用清洁用品，切勿使用汽油清洗。

### 原设施是否继续使用的判断标准

参见“27. 实木复合地板铺装不当　引起甲醛污染”一节。

## 96. 只图好看　玻璃顶棚难以清洗

**错误档案**

关键词：玻璃顶棚　清洁难

是否必须重新装修：必须，清洗难，给生活带来麻烦

常犯错误：只注重装饰性没考虑清洁问题

## 典型案例

贾女士的家一住就是十多年，十年前装修的老样子让贾女士做梦都想改造一下。机会终于来了。丈夫的事业上了一个新台阶，同意妻子的建议重新装修一下。重装后，贾女士给厨房安装了玻璃顶棚，通透感很好。这让贾女士待在厨房的时间比重装前增加了一倍。新年来临之际，贾女士踩着梯子准备清洗一下玻璃顶棚。顶棚的玻璃面上积满了大量的灰尘，燃气灶上方更是油迹斑斑，贾女士使劲擦拭了半天，顶棚摸上去仍然油腻腻的，贾女士只好结束清洁。她很后悔当初选择玻璃顶棚时没有考虑到清洗这一环节。

## 错误分析

在小户型的顶棚设计中，一些业主会选用玻璃顶棚（图8-10），因为玻璃材料的展示效果具有通透感，使本来面积小的空间显得不那么拥挤。与此同时，业主却忽略了玻璃顶棚的卫生清洁问题。当顶棚上积满了灰尘和油烟时，顶棚会显得很难看，清洗时，油烟原本就很难清洗，再加上悬在高空，难度又增加了一倍。因此，在顶棚时一定要考虑所选材料的清洁问题。

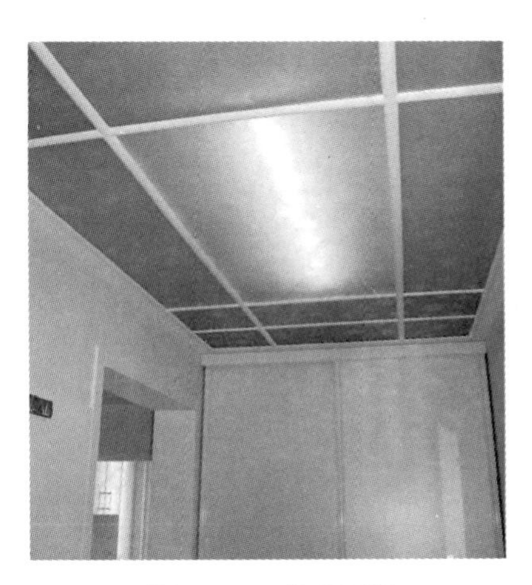

图8-10　玻璃顶棚

## 预防措施

1. 目前室内装修顶棚工程大多采用悬挂式顶棚， 因此一定要注意材料的选择，严格按照施工规范操作。安装时，顶棚必须位置正确，连接牢固，防止出现脱落等意外事故。此外，卫生间、厨房顶棚时一定要注意“三防”，即防水、防潮和防火，尤其是选用木质材料，一定要做好防火处理。

2. 厨房、卫生间顶棚宜采用金属、塑料等材质，最好采用铝扣板顶棚，易清洁便于拆卸。尽量不用石膏板，易沾染油烟且难以清洁。家居中使用较多的是PVC板材顶棚，施工方便快捷，色彩丰富，而且防水性能较好，易清洗，但缺乏

个性化，变化较少。如采用其他材料顶棚应采用防潮措施，如刷油漆等。颜色最好为浅色，也可选择和墙面同色或与柜体颜色相近的颜色。

3. 如果喜欢玻璃顶棚，可以选用色彩丰富的彩花玻璃、磨砂玻璃，在顶棚和其他易被撞击的部位应采用钢化玻璃和夹胶玻璃等安全玻璃，保证家人安全。厨房不宜使用玻璃顶棚，否则油渍很难清洗干净。

4. 在顶棚施工中，除了选好材料外，还要做好排风排湿的设置，使室内的潮湿空气得到及时的排放。这样做一方面能保护好顶棚材料及其结构，另一方面能有效保护厨房及卫生间内日益增加的电器设备，也为清洁工作提供了更多的方便。

## 97. 卫生间选用单层磨砂玻璃门　导致走光

**错误档案**

关键词：层磨砂玻璃门　走光

是否必须重新装修：必须，容易走光

常犯错误：卫生间安装单层磨砂玻璃门导致走光

### 典型案例

工作两年后，于小姐贷款买了一套小面积的二手公寓房。因为是自己一人住，装修时，于小姐一心想着要时尚、现代。房子很快装修完。这天，于小姐约了几位好友前来参观。大家兴致勃勃地评论着，于小姐因天气热便走进卫生间冲澡。这一冲澡不要紧，大家都笑说看到了现代版的贵妃出浴记。原来，于小姐家的卫生间安装的是单层磨砂玻璃门，而淋浴位置正靠近门口，卫生间的灯光一亮，正在淋浴者的身影就会被外面清晰地看到。这让于小姐尴尬不已。之后，朋友再来于小姐家时干脆不上卫生间了。最后，于小姐不得不更换成实木门。

## 错误分析

卫生间是居室中最私密的空间，因此卫生间的门一定要做到保护隐私。本案例中的尴尬就是因为卫生间的门选用了单层磨砂玻璃，结果在卫生间灯光很亮的环境下，容易造成走光。因此，卫生间的门一定要选择隐蔽性强的木门，或者是选择可视性较低的磨砂玻璃门。

## 预防措施

图8–11　带图案的磨砂玻璃

1. 如果采用玻璃门，应选择可视性较低的磨砂玻璃，最好选择双层磨砂玻璃，既不影响采光，还起到装饰效果。为防止透视，一定要选择带有字画的磨砂玻璃（图8–11）。

2. 选择木门时，如果淋浴部分没有隔离，一定要在木门套的下部用金属包角，避免长期受潮发霉，或被水浸泡腐烂。

3. 如果卫生间的面积较小，可以选择以下几种门：

（1）塑钢门。使用放心，但不美观。

（2）钢木门。防水性能好，但样式单一，供选择的余地小。

（3）铝合金门。防水性能好，样式较多，色彩较丰富，但质量不稳定，购买时一定要注意把好质量关。

（4）不锈钢加玻璃门。防水及使用性能很好，但价格昂贵。

4. 如果卫生间门与其他房门在同一视线内，最好用与其他房门一样的材料和颜色。在样式上，要尽可能与其他的房门属于同一风格，避免刻意突出其卫生间的功能。

5. 卫生间门需要做防水的地方有：

（1）在门套的背面刷防水漆，防止门套沾到墙面上的水。

（2）门扇的上下两端必须刷防水漆。

（3）门套与墙体以及地砖交接的地方，需要打防水胶。

# 98. 洗脸池下水未用弯管　导致返异味

**错误档案**

关键词：下水管　异味

是否必须重新装修：必须，影响生活质量

常犯错误：洗脸池下水用直管

## 典型案例

小宋夫妇重新搬进自己家时，正好是夏天，住了没几天，宋女士就发现了一个现象，只用来洗脸和刷牙的洗脸池时不时往上返臭味，尤其是洗脸、洗手或者刷牙后臭味就出来了。她感到很奇怪，房子重装前一直没有这种情况，怎么重新装修后反倒出现了臭味呢？难道老房子还不适应新环境了吗？宋女士找来了物业公司，物业人员看过后，告诉她这是由于洗脸池的下水软管是直管造成的，并建议她更换一根带存水弯的U形下水管。宋女士照做后，洗脸池果然再也没返臭味儿了。

## 错误分析

洗脸池返异味的原因是由于使用的直的下水管道造成的，正确的做法应该是使用U形下水管道，这样的下水管道带有存水弯，弯形里面存的水就可以起到密封、隔绝臭气的作用。

## 预防措施

1. 使用U形下水管道，可以有效地避免异味和小飞虫的产生。如果长时间不用，应定期往下水管中注水，保持阻隔臭味的作用。

2. 洗头发时，一定要小心不要将脱落的头发或断发冲进下水道，否则日后头发会缠绕在一起，堵塞下水道，难以清理。

## 99. 原沙灰墙没有铲除　导致墙面起皮

**错误档案**

关键词：沙灰墙　墙面起皮　裂缝

是否必须重新装修：必须，导致重复施工

常犯错误：墙面检查不仔细留下隐患

### 典型案例

小李是一个普通的上班族，经济条件一般，与女友商量后购买了一套二手房做婚房。为了节省开支，装修遵循尽量从简原则。交接房子的时候小李对墙面进行了粗略的检查和评估，发现墙面没有裂缝、鼓包等明显问题，装修时就没有动墙体，只在外层直接批腻子、刷墙漆。房子装修好后，二人高高兴兴地结了婚，住进了自己搭建的爱巢。然而，双喜临门的喜庆还没过去呢，二人就发现墙面开始起皮开裂。小两口在心疼的同时不禁发问：怎么会发生这种情况？小李找了装饰装修公司，装饰装修公司经过详细检查，发现是沙灰墙引起的问题，不属于施工方问题。

### 错误分析

在二手房的装修中，墙面装修是一个大项目，也是非常重要的一个环节。如果墙体没有问题，只需对墙面进行简单粉饰即可。但是从过往经验上看，稍有年头的房子，或多或少都存在着一些问题。一些卖主为了让房子出手快、卖出高价，会对墙面进行简单地粉刷遮盖。碰到这种情况，业主往往很难发现墙面已有的问题，通常是在装修之后才发现其中隐藏的问题，例如墙面在装修后短时间内开始出现起皮、开裂。因此，购买二手房时一定要反复地检查墙体，不单要看表面，更要查看墙体本身结构。切不可粗心大意，以免因一时疏忽给日后入住带来麻烦。

## 预防措施

1. 检查墙体表面的受损情况，墙体有无裂缝、起皮现象，表面污迹程度，如果只是表面问题，只需要铲除原墙面漆，用水泥重新找平之后，批腻子、刷漆即可。

2. 检查墙体的牢固性，当铲除原墙面之后，检查里面的墙体是否牢固，有没有沙灰墙。如果是沙灰墙，则要全部铲除直到露出红色砖墙，再重新刷水泥，批腻子。如果墙内是水泥墙，则要检查是否有大的窟窿、裂缝，如果有，均要一一修补完善，用水泥找平后再进行墙面流程。要确保内部墙体的牢固、平整、无缝。

3. 如果是刮大白的墙面，在外表完好的情况下，可以找一小块墙面，用水淋湿，之后用指甲或者其他工具在墙面上刮一下，如果能刮出一条沟，则证明墙体使用的是不防水的腻子，装修时要铲除换成防水腻子。

# 第九章　哪些顺序不能颠倒

在装修中，很多业主因为装修知识不足，致使很多装修顺序颠倒，不仅做了无用功，更是花了不少冤枉钱。本章将介绍一些绝对不能颠倒顺序的装修步骤。“工欲善其事，必先利其器”，提前掌握必备的知识，做到未雨绸缪，那些装修中拆了重装、手忙脚乱的现象将统统扫清。

## 100. 先买坐便器后量坑距　导致坐便器装不上

**错误档案**

关键词：坐便器　坑距

是否必须重新装修：必须，给生活带来麻烦

常犯错误：先买坐便器后量坑距

### 典型案例

终于有了属于自己的房子，虽然是二手房，那也是租来的房子没法比的。大李夫妇高兴得每天都在研究怎么装修。奋战两月，房子终于装修完毕，开始购置家具家电。大李夫妇兴高采烈地跑到家具市场，那里有一个他们早已相中的坐便器。付了钱后，厂家负责把价格不菲的坐便器送到新家。坐便器送来后，安装工人却告诉他们坐便器安装不上。大李急了，新买的坐便器怎么能装不上呢？原来，大李家的坐便器下水管坑距是300mm，而买来的坐便器坑距是400mm。大李怎么也没想到，买坐便器还得事先量好坑距，最后，大李只得把心仪已久的坐便器退了回去。

### 错误分析

许多业主在购买坐便器时都会忘记测量坑距。坑距指坐便器的下水口中心至水箱后面墙体的距离，误差不能超过1cm，否则坐便器便无法安装。如果坑距偏

大，坐便器安装后会出现上、上下排水密封不严，导致渗水，带来脏污；坑距偏小，安装后会造成水箱与墙体空间距离偏大，影响美观。因此，买坐便器必须测量好坑距，安装时排水口要上下对正，密封严实。

### 预防措施

1. 先测量坑距后买坐便器。目前，市场上的品牌坐便器一般有300mm、400mm两种坑距，其净坑距分别为280mm、380mm。选购坐便器前，一定要量好自己家的净坑距，才能买到适合的坐便器。

2. 如果坐便器买回来坑距不对，安装工人通常会想其他办法安装，此时，业主最好拒绝安装，因为非正常安装的任何改变都会破坏坐便器的真空吸力，影响原有排污速度和隔臭效果。因此，最好的办法是更换坑距合适的坐便器。

3. 选购釉面、密封垫好的坐便器。在购买时可以把手伸进坐便器中的污口，手感光滑的是有釉面的，粗糙的就是没有釉面的，容易粘挂脏物。密封垫应为橡胶或发泡塑料制造而成，弹性比较大，密封性能好。此外，业主在购买时应仔细落实保修和安装服务，以免日后产生纠纷。

4. 安装坐便器时，要用玻璃胶、密封圈进行密封处理。坐便器底部的水封高度要调节到合适的位置，水封过低可能造成卫生间返味，影响健康；过高会导致水容易溅起来。

## 101. 卫生间管道检修时　发现没留检修孔

**错误档案**

关键词：卫生间管道　检修孔

是否必须重新装修：必须，后期维修麻烦大

常犯错误：管道没留检修孔　检修麻烦

### 典型案例



吴先生家卫生间的管道漏水，吴先生通知维修人员来修理。维修人员到来后，找了一圈也没有找到检修孔，才知道管道没有留检修孔。问到吴先生为什么不留检修孔时，吴先生支吾了半天都说不上来，因为他自己并不知道什么是检修孔，装修时并没有人告诉他要留检修孔。最后，维修人员只得把墙砖敲掉。管道虽修好了，可墙砖却再也恢复不了原样了。



### 错误分析

卫生间检修孔是专门为检修排水、溢水管使用的。而在装修中，多数业主为了美观而没有在卫生间管道上留检修孔，结果遇到管道漏水或是需要检修的情况时只能把墙砖敲掉。

### 预防措施

1. 如果卫生间管道有检修孔，装修时切忌为了美观而将检修孔封死。否则，一旦楼上中段管道堵塞将无法疏通。此外，可以采取空包管道的方法，方便以后更换。

2. 卫生间安装浴盆时，一定要在浴盆排水处设置检修孔或在排水端部墙上开设检修孔，便于日后检修。

3. 装饰检修孔。如果觉得检修孔影响美观，可以给检修孔做一番装饰，如巧用各种剩余的边角料裁切好后用玻璃胶封边，需要时，只要用小刀把玻璃胶划开就好了；或者让木工做一个小巧的盖子，再做喷漆或贴铝塑板。

## 102. 忘留电源插座　液晶电视摆在电视柜上

**错误档案**

关键词：电视　电源插座

是否必须重新装修：必须，便于更换液晶电视

常犯错误：未预留液晶电视电源插座

## 典型案例

张先生家重新装修时，设计师按照现有电视做了漂亮的背景墙。一年后，张先生更换了一台液晶电视，可是电视送到家后才发现背景墙上没有壁挂电视的插座。这可怎么办啊？安装人员建议张先生走明线，只是背景墙上会出现几根杂乱的电线。因为觉得难看，张先生拒绝走明线，可又没有其他办法，最后张先生只好把液晶电视摆在了原有的电视柜上。

## 错误分析

在装修电视背景墙时，多数业主重点强调美观，却忽视了其实用功能，通常忘记预留液晶电视的电源插座。当日后更换液晶电视时，就只能走明线或直接摆放在电视柜上。

因此，即使在装修时家里还没有液晶电视，也一定要预留下液晶电视的电源插座，以便日后更换液晶电视时使用。

## 预防措施

1. 如果业主家里使用液晶电视，一定要在背景墙上预留出壁挂电源插座的位置。如果电视柜是标准高度，即便将电视放在电视柜上，也可以挡住壁挂插座，不会影响外观效果。

2. 电视背景墙应尽量采用活体安装，有利于家具配套及合理布局，避免因家具更新快而导致背景墙过时。更重要的是，如果装修时布线不合理还可以轻易改动，尤其是液晶电视等壁挂式电视机，一旦事先做好背景墙，线路改动起来就会很麻烦。

3. 设计电视背景墙时，在选材上应注意：

（1）最好不要选用过硬的材质，容易产生共振和噪声。此外，过硬的材质往往质量比较大，安装不牢易留下安全隐患。

（2）应选择立体或有浮雕的材质，可以减小噪声。

（3）不宜采用玻璃等光亮的材质，否则容易与电视强光一起造成视觉污染。

### 液晶电视品牌推荐

1. LG——LG集团
2. 索尼——索尼集团
3. 海尔——海尔集团
4. 夏普——夏普公司
5. 三星——三星集团
6. 海信——青岛海信电器股份有限公司
7. 长虹——四川长虹电子控股集团有限公司
8. 康佳——康佳集团
9. TCL——TCL集团股份有限公司
10. 创维——创维集团有限公司

## 103. 先装开关插座面板后贴壁纸　接触不严留缝隙

### 错误档案

关键词：贴壁纸　开关插座面板

是否必须重新装修：必须，影响壁纸美观和牢固性

常犯错误：先安装开关插座面板后贴壁纸

### 典型案例

小刘家在重新装修时挑选了一款精美的壁纸，造价较高，为了避免刮破或损坏，小刘决定先把其余部分装完，最后贴壁纸。可是贴完壁纸发现接触不严密，在壁纸与开关面板的接触处有一些小的缝隙，没有办法完全贴合。虽然从远处看上去影响不大，可是仔细一看，美观度大打折扣。这让小刘很闹心，面对昂贵的壁纸心疼不已。

## 错误分析

很多墙面要铺贴壁纸的业主，往往认为贴壁纸应该是最后一道工序，这样可以避免壁纸划坏或刮破。但是在装完开关面板后再贴壁纸，会使壁纸与开关、踢脚板的接口部位处理不好，会留有缝隙，看起来很不美观，也影响壁纸的牢固性。

## 预防措施

1. 正确的做法应该是，在施工主体工程完成后，先贴壁纸，再将残边用开关插座和踢脚板整齐地压在下面，这样安装可以没有缝隙，在美观的同时壁纸也更加牢固。

2. 有时候水电工安排不开，会提前把开关面板安装了。这种情况下，在贴壁纸前要把所有开关插座的面板卸下来，等贴好壁纸以后再重装安装，避免贴缝不严。

# 104. 先安装橱柜后安装抽油烟机　导致二者之间有较大缝隙

**错误档案**

关键词：橱柜　抽油烟机

是否必须重新装修：必须，影响美观

常犯错误：先装橱柜后装油烟机

## 典型案例

拿到二手房的钥匙后，刘先生就开始紧锣密鼓地着手进行装修。装修以快捷省事为原则。本着这一原则，刘先生选择安装整体橱柜，于是厂家派人上门测量尺寸并预留了安装油烟机的位置。橱柜安好后，效果不错，刘先生很满意。可是等到装修结束购买回油烟机时，刘先生才意识到橱柜的尺寸很不合理。原来，由于橱柜已安好，再安油烟机时麻烦了许多，更重要的是，预先留好的油烟机位置比买回的油烟机占地面积大了不少，油烟机装好后，四周和橱柜之间有很宽的缝隙，那样子就像是一个细口瓶瓶口顶着一个宽口瓶的盖子，上下左右晃荡，怎么看怎么不对头。尽管刘先生想了各种办法，可都解决不了问题。

## 错误分析

不论是购买整体橱柜还是找木工打制橱柜，业主都要事先想好一些家用电器的放置位置，如微波炉是否要放在橱柜里、油烟机要挂在哪里等。油烟机一定要在上门量橱柜尺寸前购买，这样测量时就可以准确地去除油烟机的位置，将来安装时做到一体化；油烟机安装好后可以摘下来并不影响其他工程的进程；或者可以选中合适的牌子，自己测量好油烟机的尺寸，然后橱柜就可以做到大小合适了。反之，如果先定橱柜再安装油烟机，二者之间距离会难以掌握，导致安装好后二者之间出现较大的缝隙，大大影响厨房的美观。

## 预防措施

1. 一些需要提前确定尺寸的产品，最好在施工前购买。如订制橱柜前需要确定油烟机的位置大小；安装大理石台面时，要确定燃气灶和水池的大小尺寸，便于在石材上切割出合适的位置等。如果是找木工打制橱柜，则还要测量好底柜里拉篮的大小，以便给底柜做合适的分割空间。

2. 为了增加厨房的储物功能，可以使用不锈钢挂件，各种炒菜用的铲子、勺子之类的厨具就可以直接挂在墙上，而底柜可以让出空间存放一些大的用品。

3. 小面积的厨房在安装橱柜时，吊柜和底柜的距离一定要大一些。如果厨房顶棚很低，吊柜的高度可以适当提高一些，一定要保证其和底柜之间的空间宽大一些，否则吊柜做出来后会压迫底柜使得底柜看起来比吊柜小，整个厨房也会显得上下比例失调。

# 105. 先定客厅风格后买沙发　导致风格不协调

**错误档案**

关键词：客厅风格　沙发

是否必须重新装修：必须，影响整体美观

常犯错误：先定客厅风格后买沙发

## 典型案例

童小姐是一名导游，对家的要求与众不同。自己的蜗居虽然是一套二手房，可被她装修得富丽堂皇。整个装修设计选的是宫廷风格，以水蓝色布艺为主，配上宫廷花纹，再点缀宫廷饰品，炎炎夏日也变得清凉起来。唯一美中不足的是，客厅中央摆放着童小姐从日本带回来的沙发，栅栏状的木扶手和矮小的设计，舒适、自然、朴素。每当朋友来玩，总会建议童小姐换一个沙发，可童小姐实在舍不得这件一眼就相中的沙发，虽然有时也觉得别扭，但也只好那样搭配着。

## 错误分析

客厅是最能体现主人个性、品位、情调的空间，因此，在设计客厅风格时，应把装饰和家具一起考虑在内。而在实际装修中，多数业主却习惯先定客厅风格，装修结束后再购买沙发，结果喜欢的沙发和客厅风格有冲突，退掉又实在不舍得，摆放在那又觉得别扭，使得装修效果大大减弱。

## 预防措施

1. 在装修设计房间的风格时，最好把以后要买的家具考虑在内，避免整体风格已定却买不到适合的家具而导致二者出现冲突，尤其是客厅风格。客厅是新居的一张“脸”，因此，在设计客厅时，应先定沙发，再定客厅风格，做到二者和谐统一。

2. 了解沙发的种类。沙发从材质上分为皮沙发和布艺沙发：皮沙发易清洁、耐用、耐脏，给人以庄重的感觉；布艺沙发色彩丰富，所使用的布料不同，给人的感觉也不一样，供选择的范围大，如丝质、绸缎面料的沙发高雅、华贵，给人以富丽堂皇的感觉；粗麻、灯芯绒制作的沙发沉实、厚重，是崇尚自然、朴实的最佳选择。

从功能上来划分，沙发可分为以下三种：

（1）低背沙发。靠背高度较低，一般距离座面370mm左右，靠背的角度也较小，有利于休息，外形轻巧秀气，占地面积小，适合小面积的居室。

（2）高背沙发。人的腰、肩部、后脑可以同时靠在曲面靠背上。选购高背沙发时一定要试坐，确定靠背是否舒服。

（3）普通沙发。靠背介于前两者之间，是家庭用沙发中常见的一种。选购这类沙发时，一定要注意靠背与座面的夹角，角度过大或过小都容易产生疲劳。

从款式上划分，沙发还可分为美式沙发、日式沙发、中式沙发、欧式沙发等四种，款式不一，风格各异。

3. 根据我国人体特点科学地选购沙发，选购时可以通过试坐测验沙发的舒适度，具体方法如下：

（1）沙发座高适宜在360~380mm之间，试坐时膝盖高度与沙发的座高高度相当，用手使劲按压坐垫，如果手的位置略低于膝盖骨，说明沙发高度正合适，反之高于膝盖骨时，脚掌就会凌空于地面，导致腿脚屈伸困难。

（2）座深适宜在480~500mm之间，试坐时背部和臀部要紧贴沙发靠背，这时膝关节仍在座外，则说明舒适度很好。

（3）座面与靠背的夹角在90°~120°之间，如果腰部有悬空感则说明夹角设计不合理。

4. 选购沙发时，事先要量好客厅摆放沙发位置的尺寸，沙发腿最好高于地面十多厘米，便于存放储物盒。如果选择布艺沙发，最好买两面可翻转的坐垫，这样可以每隔一段时间翻一次，避免常坐部位塌陷。

**沙发品牌推荐**

1. CBD沙发——深圳CBD远超家居有限公司
2. 芝华仕沙发——香港敏华实业有限公司
3. 左右沙发——深圳左右有限公司
4. 爱依瑞斯沙发——北京爱依瑞斯家居用品有限公司
5. 顾家家居沙发——浙江顾家家居股份有限公司
6. 和睿嘉品沙发——东莞市和睿家具有限公司
7. 联邦·米尼沙发——联邦集团
8. 大班沙发——香港大班家具实业有限公司
9. 吉斯沙发——烟台吉斯家具集团有限公司
10. 斯可馨沙发——江苏斯可馨家具股份有限公司

## 106. 装修完了才打安装空调的洞

**错误档案**

关键词：空调　安装孔

是否必须重新装修：必须，破坏装修

常犯错误：装修完再打空调安装孔

### 典型案例

实在是忍受不了高温天气，徐先生终于决定安装空调。等空调进了家门，安装工人却找不到空调洞。原来，新居刚装修时正赶上冬天，因此徐先生并没想到日后要安空调，也就没有预留空调洞。现在想要安装空调，只能请工人现打孔，结果打孔时水钻一接触到墙面就把墙面弄成了大花脸，非常难看。

## 错误分析

装修时，多数业主只看到眼前而没有考虑到日后安装空调，结果出现了空调买回后现打洞的麻烦，造成现场打洞时损坏已装修好的墙壁。

因此，不管现在家庭有没有使用空调，在装修新家时最好考虑好将来空调的摆放位置及悬挂高度，提前预留空调洞。

## 预防措施

1. 新房装修时，一定要预留空调洞，最好在刮大白之前把空调孔打好。空调洞要注意向外倾斜，内墙洞口高于外墙洞口，形成一个小坡度，防止雨水流进室内。

2. 空调的分类。空调一般分为窗式、挂壁式、立柜式、移动式、一拖式、吊顶式等，各有不同的特点，选购时要根据家庭的实际需要来选择。

3. 空调安装要注意以下事项：

（1）安装前要检查电源，包括电表、线径和断路器以及插座的容量等因素。

（2）室内机和室外机都要水平安装在平稳、坚固的墙壁上。

（3）室内机要离电视机至少1m以上，避免互相产生干扰；远离热源、易燃处。

（4）室外机要避免阳光直晒，需要时可配上遮阳板，但不能妨碍空气流通。

（5）室外机尽量低于室内机，高度差低于5m。

（6）穿墙孔内高外低（便于排水），连接管穿墙时要防止杂质进入连接管，防止连接管扭曲、变形、折死角。

（7）空调安装完毕，一定要现场试机，包括制冷和制暖，如有问题，可以及时调换。

4. 排空是空调安装较重要的一个程序，安装完毕后将高压侧阀打开排空，利用制冷冷媒压力将管道内空气排除，反复几次即可。如果没有排空程序，则可能导致空调使用效果下降和使用寿命缩短。

**空调品牌推荐**

1. 格力空调——珠海格力电器股份有限公司
2. 美的空调——美的集团
3. 海尔空调——中国青岛海尔集团
4. 志高空调——广东志高空调股份有限公司
5. 海信-科龙空调——海信集团
6. 奥克斯空调——奥克斯集团
7. 伊莱克斯空调——伊莱克斯(Electrolux)股份有限公司
8. 格兰仕空调——格兰仕中央空调有限公司
9. 春兰空调——春兰（集团）公司
10. 三菱空调——三菱空调机电器有限公司

## 107. 装修前没有封闭下水管管口　导致下水管被水泥堵塞

**错误档案**

关键词：封闭下水管　堵塞

是否必须重新装修：必须，堵塞下水管道

常犯错误：装修前没有封住下水管道　泥沙倒进下水管

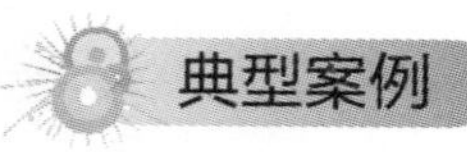

### 典型案例

小赵的婚房是自家的一套旧房，装修时，小赵特意请了一个月的假现场监工。当地砖和墙砖铺贴完后，小赵松了口气，装修中最脏最累的活完工了，令小赵没想到的是麻烦事紧跟着来了。原来，卫生间铺瓷砖时，因为没有及时封闭下水管的出口，结果在铺贴过程中，大块的水泥掉进了下水管，导致下水管被堵塞。这可怎么办啊？水泥块卡在水管中，想要用水冲掉是不可能的，用锤子敲碎更不可能。最后，小赵只好找来专业疏通下水管道的人员费了好大劲才终于把水泥顺下去。多花了钱不说，重要的是延误了装修进程，小赵的心里很不是滋味。

### 错误分析

装修过程中随时会出现意外的事，因此在装修前，业主需要把装修过程中大大小小用得到或可能用得到的地方都要考虑在内。在工人进场前，一定要事先对房间内的现有成品如水管、窗户、插座、开关、灯具等采取保护措施，尤其是卫生间和厨房须做好细致的保护工作。

### 预防措施

1. 施工人员进场前，要做好以下保护工作：下水管道要封闭（图9-1），避免水泥等物体落入而堵塞管道；插座和一些外露电线要用绝缘物隔离，防止漏电伤人；清理房间内现有成品，并做好登记。

图9-1　封好的下水管道

2. 铺贴卫生间地砖时，一定要告诉施工人员地面要以地漏为中心倾斜，地漏一定要处于地面的最低处，业主最好在现场监督，如果没有按要求施工，一定要责令其立即返工，否则日后洗澡洗衣时，卫生间就会“水漫金山”，严重时会导致卫生间木门长时间被浸泡而腐烂。

## 108. 水龙头安装太低　买回的台盆装不上

**错误档案**

关键词：水龙头　台盆

是否必须重新装修：必须，影响装修效果

常犯错误：水龙头太低　没有事先量好尺寸

### 典型案例

装修时，小张让改水工人把卫生间的水管埋进了墙里，然后从墙上引出水龙

头。装修结束后，小张购买了一个手绘陶瓷台盆要安装在卫生间里。可是，等到商家把台盆送上门时，安装人员折腾了半天也没把台盆安上。原来，小张指定安装台盆的位置水龙头太低，台盆根本安不上。这可苦了小张，想要安台盆就得重新砸墙改水或者把水龙头接高，可是这样一来就会很难看，把台盆退回去他又实在舍不得。

## 错误分析

本案例中的错误在于小张改水时没有事先量好台盆的高度，导致台盆买回来却装不上。在装修的改水阶段，多数业主都会把水管埋在墙里，然后从墙上引出水龙头，这样做的结果是水龙头的高度固定不变，而一些年轻的业主又喜欢台上盆，如手绘陶盆、石盆、玻璃盆等，这样一来，如果是装修后购买台盆，就可能造成买回的台盆与固定的水龙头高度不匹配，结果错过了自己喜欢的台盆，只能购买与水龙头相匹配的台盆。

## 预防措施

1. 装修卫生间时，一定要事先考虑好装何种台盆，便于改水时水龙头定位，水龙头宜高不宜低，太低会导致喜欢的台盆装不上。如果是自行设计卫生间的台面，则要先考虑日后使用台上盆还是台下盆。如果选择台上盆，可以将台面高度适度降低一些。如果是台下盆则按正常高度即可，通常是80cm。

2. 卫生间台盆分为以下三种：

（1）台下盆。盆体嵌在台面里，台盆的边缘与台面齐平，台面一般使用陶瓷、大理石或花岗石，以实用为主。

（2）台上盆。台盆底部落在台面上，或者边缘高出台面，时尚新潮，装饰效果强。

（3）柱盆。独立的台盆下有一根与盆体相配套的柱子，多用于面积较小的卫生间。

卫生间的台盆最好选用台下盆，宜深不宜浅，便于清洗物品。最好带有浴柜，可以将洗浴及卫生用品等杂物放入其中，让卫生间变得美观整洁。



3. 制作台盆的材质主要有以下几种：

（1）陶瓷台盆。市场上最畅销的台盆，经济耐用，简单大方，能很好地与卫浴间瓷砖搭配，但色彩单一，造型变化少，以椭圆形、半圆形为主。

（2）玻璃面盆。以钢化玻璃为主材，配以不锈钢托架，色彩多样，造型丰富。

（3）大理石盆。以大理石加工而成，造型简洁明快。缺点是大理石有放射性，对人体健康不利。

（4）人造石盆。可以制作各种花纹图案，色彩艳丽，韧性好，光洁度高，重量轻，耐腐蚀，但造价较高。

### 台盆品牌推荐

1. 科勒——科勒（中国）投资有限公司
2. TOTO——东陶（中国）有限公司
3. 乐家——乐家（中国）有限公司
4. 美标——美标（中国）有限公司
5. 箭牌——佛山市顺德区乐华陶瓷洁具有限公司
6. 九牧——九牧厨卫股份有限公司
7. 法恩莎——佛山市法恩洁具有限公司
8. 恒洁——广东恒洁卫浴有限公司
9. 安华——佛山市高明安华陶瓷洁具有限公司
10. 惠达——惠达卫浴股份有限公司

## 109. 图省事装修一次性付全款　过后有问题难解决

### 错误档案

关键词：一次性付全款

是否必须重新装修：必须，后期有问题难解决

常犯错误：装修工钱一次性付清

## 典型案例

自家房子重装时，李先生一家三口暂时搬回父母家。为了加快装修进度赶在新年搬进新居，李先生在装修进行到一半时将全部工钱一并付给了装饰装修公司。果然，装饰装修公司提前半个月完了工。李先生兴冲冲地去新居观看，发现有很多地方和设计图有出入，施工也很粗糙。李先生找到装饰装修公司要求返工或者进行赔偿，没想到装饰装修公司却以种种理由进行推脱搪塞，持久战足足打了半年。李先生几乎天天跑装饰装修公司，对方始终没有回应。本来想要为新年增加点喜庆气氛，没想到却给好心情添了一层堵。

## 错误分析

在装修行业中，装修款要根据装修进程进行付给，通常要分几批付给装饰装修公司，尤其是最后一部分款项，业主最好暂时扣留。在装修完工一周后进行验收，如果验收合格，再付款给对方。这样做可以牵制装饰装修公司，一旦工程中有不如意的地方或者施工粗糙等，就可以要求对方返工或进行适当赔偿。

## 预防措施

1. 不管是找装饰装修公司还是施工队，在进场前一定要详细讲清施工原则。如果是正规的装饰装修公司，一定要签订装修合同。对于街头的施工队，最好多问几家业主，有好的施工队可以互相推荐，以便找一个诚实可信的施工队，切忌贪图一时的便宜，在街头随便找几人回来。

2. 不要一次付给工人全部工钱，等全部工程完成以后再付清，可以防止工人马虎工作，验收时自己觉得有不满意的地方也可以要求返工或以减少工钱作为赔偿。

3. 买材料时，一定要先付订金，不要付全款。如果没有现货，要记得拿走一块样品，以便货到时进行验收，防止商家玩小花招。

## 110. 电热水器安装时 才发现墙壁是空心砖

**错误档案**

关键词：空心砖 电热水器

是否必须重新装修：必须，不能安装大型家电

常犯错误：墙壁是空心砖安不上热水器

### 典型案例

张先生家安装的是太阳能热水器，一到冬天，太阳能热水器不是因为天冷没热水，就是被冻坏跑水。一气之下张先生决定更换一台电热水器。电热水器买回来后，安装人员在卫生间墙壁上打孔时发现墙壁使用的是空心砖，告诉张先生暂时不能安装，必须把空心砖注满水泥干透后再打孔安装，那样墙壁才能承受热水器的重量。张先生一听傻眼了，往那么细的孔里注水泥可不是容易的事，但也没有更好的办法，只好买来水泥和砂子，搅拌好后用大针管一点点往里注。然而这种做法根本不奏效：水泥太稀了不结实，太黏稠了又注不进去。最后，张先生只好找人把安装热水器中心位置的墙砖敲掉，接着把空心砖凿透，然后彻底地用水泥封上再粘瓷砖。五天后待水泥和瓷砖干透后，安装人员才前来把太阳能热水器安装好，这一返工整整耗费了一星期的时间。

### 错误分析

空心砖，顾名思义就是中心空的建筑砖，以黏土、页岩等为主要原料，经过原料处理、成型、烧结制成。其特点是质轻、消耗原材少，用在不受压力的部分,可以减轻建筑物的重量并节约材料，而且有较好的保暖和隔音性能，因此广泛受到建筑行业的青睐，成为常用的墙体主材，并成为国家建筑部门首先推荐的产品。虽然空心砖在建筑上有诸多优点，然而却不利于安装一些需要悬挂在墙壁上的重量大的家用电器，如电热水器、液晶电视等，造成家用电器买回后需要重

新砸墙填满水泥的后果。

## 预防措施

1. 购房时，有必要向开发商了解房屋的使用材料，如墙体使用的是实体砖还是空心砖等，为日后装修时打下基础。

2. 在装修设计时，一定要把家用电器考虑在内，如大小尺寸、放置的位置等。如果确定日后安装热水器，应向物业等有关部门了解墙体是否是空心砖，确定是空心砖就需要在厨卫镶贴瓷砖前拆除原有墙面把空心砖换成实体砖，或者用混凝土把空心砖灌满抹平，然后再镶贴瓷砖，避免日后安装时返工。

3. 热水器分为电热水器和燃气热水器，两种热水器各有优点和不足之处，选购时业主一定要根据自家情况做选择。在安装上，燃气热水器必须安装在通风条件好的房间，安装环境受到局限，而电热水器相对自由，可以安装在卫生间、厨房或阳台等地方。从安全方面考虑，燃气热水器在使用时要排出二氧化碳和一氧化碳，在正常使用、通风良好的情况下，一氧化碳非常少，但如果使用时关闭门窗，通风不良，一氧化碳会增加，严重时会发生中毒事故，而电热水器使用时虽然不产生废气，但存在漏电问题，使用不当可能引发触电事故。

因此，不管选购哪种热水器，在使用前一定要了解相关的使用常识，更好地保护自己和家人的安全，同时还可以延长热水器的使用寿命。

# 新书推荐

## 《明明白白做家装——必须把握的设计、施工、选材、配饰窍门》 朱树初 著

本书是打算装修房子的家庭和装饰装修专业人员难得的入门读物。书中介绍的家庭装饰的特色设计，家庭装饰的特色装饰、特色饰材配选、特色家具配置、特色灯饰配装和特色装饰使用等方面的窍门，可以有效预防家装中的种种误区。书中内容操作性强，适用性广，通俗易懂。

书号：978-7-111-45613-1　定价：46.00 元

## 《室内配饰设计》 廉毅 季晓莉 编著

伴随室内装修行业的发展，室内配饰设计已经越来越受到人们的关注与重视，并且已经发展成为一门独立的专业学科。在国际室内设计领域，已经出现“室内配饰设计师”的称谓。改革开放以来，中国建筑业和室内装饰行业得到了迅猛发展，配饰作为室内环境的一个重要组成部分正在承担着室内装饰所不能企及的作用。本书以教材形式编写，沿装饰艺术轨迹，从历史沿革、风格变化到提纯要素、确定配饰设计法则，进而提出室内配饰设计的氛围营造方法，为室内配饰的创意设计梳理出了具体的指导思路。

书号：978-7-111-40920-5　定价：69.80 元

## 《找到自己找到家》 康立军 张蕾 编著

如果你只想获得一些装修技巧和窍门，对不起，请放下，这本书不适合你。在这本书里，你找不到答案，它只催生你关于家、关于营造的思考。在这个技术泛滥的时代，“剪切”“复制”大行其道，这一招，也同样流行于我们营造家的时候。其结果是，一个家支离破碎，徒有其表，难得灵魂。我们是作者，同时也是设计师。撰写这本书，我们放下了对“技术”的执着，而是倡导“思想”的力量。从业 12 年，从上百个项目中甄选出的 16 个案例，极具代表性。每个案例，分为三块内容：设计背后的故事、设计师手记、思考。

书号：978-7-111-39764-9　定价：49.00 元

## 《家居装修完全指南》 汤留泉等 编著

本书以全新的表述形式介绍了现代家居装修的全过程，将专业性较强的装修知识融会贯通，潜移默化转为通俗读本，令广大业主轻松了解装修重点，再由重点举一反三，覆盖装修全局和细节；同时揭开装修内幕，提出防上当方法，使烦琐的装修不再令人头疼。本书分为九个章节，包含设计、选材、施工及配饰等全部内容，是一册全新的装修百科全书，适合即将装修或正在装修的业主阅读。

书号：978-7-111-39105-0　定价：29.80 元

# 新书推荐

## 《家庭装修必须亲自监工的 81 个细节升级版 家庭装修必须亲自监工的 99 个细节》

刘二子 主编

本书在讲解中将监工要点与装修案例充分结合在一起，创造了一个“边装修边监工的情景，读者有如身临其境，书读完了读者也装修了一回。读过本书，读者一定可以在装修过程中拨开迷雾见真相，为自己的新居把好质量关，减少被装修公司或施工队伍蒙骗，导致返工或者蒙受经济损失的概率。

书号：978-7-111-42192-4　定价：32.00 元

## 《火眼金睛选家庭装修材料 VS 装修完成后常会后悔的 39 件事》

刘二子 主编

本书分为上下两篇。上篇为“火眼金睛选家庭装修材料”。告诉业主如何在混乱的家装材料市场中选到适合自己的家装材料，包括如何不上当和如何选到与自家装修最匹配的家装材料。下篇是“装修完成后常会后悔的 39 件事”，罗列了业主装修完成后“后悔率”最高的 39 件事。读完本书后，业主们可以在自家装修时提前规避，以免后悔。

书号：978-7-111-53376-4　定价：39.00 元

## 《这样装修最省钱》

刘二子 主编

装修，处处要花钱，如何做到花最少的钱收到理想的效果？答案尽在本书中。本书主要讲述如何在家装中，用最少的钱打造出一个称心如意的家。从形式上看，本书在讲解中将相关要点逐条罗列，便于阅读；对于文字表达不够清晰或力度不够的内容，配以必要的案例或图片，以清新明快的风格，尽述家庭装修的种种省钱秘诀。此书可以给业主清晰的指导：该投入的就投入，能省的则最大限度地省，最后做到用最省钱、最省事的方式，达到最理想的装修效果。

书号：978-7-111-44708-5　定价：18.00 元

## 《手把手带你玩转装修》

戴建刚 于鹏 编著

本书针对目前家庭装饰装修市场鱼龙混杂的现状，选用了 1000 余张全部来源于一线工地现场的实景照片，按照家庭装饰装修的顺序编排，全景式呈现了家庭装饰装修的施工过程，让读者对装饰装修有一个全面的了解。读者可以按照本书的顺序，对家庭装饰装修进行自检自查，避免过去传统的拉锯战、疲劳战。本书适合家庭装修业主、家装设计师、监理工程师和装修现场施工管理人员使用，也可作为环境艺术设计和现场管理专业师生的参考用书。

书号：978-7-111-50926-4　定价：34.00 元

亲爱的读者：
感谢您对机械工业出版社建筑分社的厚爱和支持！
联系方式：北京市百万庄大街 22 号机械工业出版社　建筑分社　收　邮编 100037
电话：010—68327259　E-mail：cmpjz2008@126.com

**扫二维码即可方便购书**